Julius Weil

Die Entstehung und Entwicklung unserer elektrischen

Strassenbahnen

Julius Weil

Die Entstehung und Entwicklung unserer elektrischen Strassenbahnen

ISBN/EAN: 9783741184246

Hergestellt in Europa, USA, Kanada, Australien, Japan

Cover: Foto ©Andreas Hilbeck / pixelio.de

Manufactured and distributed by brebook publishing software
(www.brebook.com)

Julius Weil

Die Entstehung und Entwicklung unserer elektrischen Strassenbahnen

Die Entstehung und Entwicklung

unserer

Elektrischen Strassenbahnen

In gemeinfasslicher Darstellung

von

Julius Weil.

=== Mit 67 Abbildungen. ===

Leipzig
Verlag von Oskar Leiner
1899.

Werner v. Siemens.

Sigmund Schuckert.

Vorwort.

— ⚬ —

Vorliegende Arbeit soll eine Lücke in der Litteratur insofern ausfüllen, als sie dem Laien und unter diesen besonders denjenigen, die öfter ein entscheidendes Wort bei Bewilligung von Projekten und Verträgen mitzureden haben, zur Orientierung über das Wichtigste elektrischer Strassenbahnanlagen dienen soll. Diesem Zwecke entsprechend, wurde natürlich alles das fortgelassen, was dem Verständnis der Dinge für den weniger mit den elektrischen Erscheinungen Vertrauten hätte hinderlich sein können. Das Buch musste daher mehr beschreibende als belehrende Natur annehmen. Jedoch an manchen Stellen, deren Inhalt oft Grundbegriffe bildeten, wurde auf das behandelte Objekt ausführlichst eingegangen, weil gerade über die elementarsten Dinge in Laienkreisen die verworrensten Ansichten herrschen. Die zahlreichen Abbildungen mögen das Verständnis und vor allem die Anschauung erleichtern.

In welchem Umfange die Elektrizität zum Betriebe von Bahnen bereits Anwendung gefunden hat, wird auch für manchen Laien von Interesse sein und sei deshalb auf die vom Unterzeichneten aufgestellte »Statistik elektrischer Bahnen in Europa« im zweiten Bande des Werkes: »Bau und Betrieb elektrischer Bahnen« von Max Schiemann aufmerksam gemacht.

Allen denen, die mich bei dieser Arbeit unterstützt haben, insbesondere den einzelnen Firmen und Elektrizitätsgesellschaften, welche letztere mir in liebenswürdiger Weise viele Clichés zur Verfügung stellten, sowie der Verlagsbuchhandlung für ihr freundliches Entgegenkommen, sei an dieser Stelle nochmals bestens gedankt.

Bamberg und Darmstadt, im März 1899.

Julius Weil.

Inhalts=Verzeichnis.

—◎—

Erster Teil.

Zweiter Teil.

Erster Teil.

—·—

1. Kapitel.

Geschichte der elektrischen Strassenbahnen.[1])

Die Geschichte der Strassenbahnen beginnt im Jahre 1832, in welchem Jahre die erste Strassenbahn in New-York zur Ausführung gelangte. In Deutschland finden wir die erste Strassenbahn im Jahre 1865, und zwar auf der Strecke Berlin-Charlottenburg. Am 23. März 1865 wurde nämlich dem Kapitän A. F. Moller aus Kopenhagen die erste Konzession zu einer Pferdebahn von Berlin-Charlottenburg erteilt und betrug die Gleislänge 8 *km.* Man benutzte zuerst Esel bezw. Maultiere und Pferde zum Betriebe der Strassenbahnen. Später wandte man auch die Dampfkraft an, und die ersten Versuche, die Elektrizität für Bahnzwecke zu verwenden, wurden von Prof. Farmer in Boston im Jahre 1851 angestellt. Bei der von ihm erbauten Versuchsbahn erfolgte unter Anwendung von Batteriestrom die Stromzuführung durch die Schienen. — Vier Jahre später stellte Major Bessolo in Österreich Versuche an mit einem System, bei welchem zwei Schienen als Zuleitung und eine Schiene als Rückleitung diente. — George Green in Kalamazoo in Nordamerika begann im Jahre 1857 mit seinen Versuchen und hatte bereits 1878 einen Motorwagen erbaut, der zwei Personen befördern konnte und mit Batteriestrom bewegt

---

[1]) Tram - ways. Dieser Ausdruck, offiziell für Pferdebahnen gebraucht, findet jetzt in den verschiedensten Ländern für jede Art Strassenbahn Anwendung. Die Einen leiten diese Bezeichnung von ›tram‹ ab, das ebensowohl eine Grubenschiene als einen vierrädrigen Karren zum Transport der Kohlen bezeichnet. Dementsprechend bedeutet ›Tramway‹ im Englischen eine Förderbahn, einen Schienenweg mit hölzernem, steinernem oder eisernem Schwellengleise. Nach dem Handbuch für spezielle Eisenbahntechnik ist ›Tramway‹ aus ›Outram‹ entstanden, da ein Erbauer von Pferdebahnen Namens Outram die Schwellen zuerst mit Eisenschienen belegt haben soll. Haarmann, Generaldirektor des Georgs - Marien - Bergwerks- und Hütten-Vereins in Osnabrück, giebt in seinem Werke: »Das Eisenbahngleise‹, über die Herleitung des Wortes Tramway folgende Erklärung: ›Das Bergwerksbuch von Agricola nennt das Holzgestänge der von alters her in deutschen Bergwerken gebräuchlichsten Spurbahnen ›gleiss der trömen‹, eine Bezeichnung, durch welche das englische »tramway‹ seine Erklärung findet.‹ Er bezeichnet die Zurückführung dieses Wortes auf den Namen Outram als willkürlich und irrtümlich.

1*

wurde, da ihm keine Dynamomaschine zur Verfügung stand, obwohl er, wie aus seinen Aufzeichnungen ersichtlich, eine solche beabsichtigt hatte. Alle diese Versuche konnten jedoch nicht das bringen, was auch nur den geringsten Anforderungen hätte genügen können, und erst die Erfindung der Ringarmatur der Dynamomaschine und deren Verwendung als Motor gaben neue Anregungen zu Versuchen. Erst Ende der siebziger Jahre war man in der Elektrotechnik so weit vorgeschritten, dass man die Elektrizität zum Betriebe von Fahrzeugen verwenden konnte, und die erste praktische Anwendung des elektrischen Stromes für den Strassenbahnbetrieb brachte Werner v. Siemens im Jahre 1879 durch die auf der Berliner Industrie-Ausstellung vorgeführte elektrische Versuchsbahn, erbaut von der von ihm gegründeten Firma Siemens & Halske. Am 12. Mai 1881 erfolgte dann die Eröffnung der ersten, dem öffentlichen Verkehr allgemein zugänglichen Bahn in Lichterfelde durch dieselbe Firma, nachdem Siemens an der im Jahre 1879 vorgeführten elektrischen Ausstellungsbahn gezeigt hatte, dass das von ihm angewandte System allen Anforderungen genügen könne. Diese Bahn, welche im folgenden Jahre auf der Gewerbe-Ausstellung zu Düsseldorf, später in Wien, Frankfurt a. M. und in Breslau und Görlitz gezeigt wurde, wo sie zu den interessantesten Ausstellungsgegenständen gehörte, erregte dort nicht geringes Aufsehen, und überall wurde diese neue Betriebsart mit grosser Freude begrüsst (Fig. 1).

Es war eine etwa 300 m lange, in sich selbst geschlossene, schmalspurige Eisenbahn, auf der eine kleine elektrische Lokomotive mit drei angehängten Personenwagen in einer Geschwindigkeit von 3—4 m pro Sekunde zirkulierte. Die Laufschienen der Bahn bildeten die eine Leitung zu der im Maschinenraum stehenden dynamoelektrischen Lichtmaschine grösserer Sorte, während eine zwischen den Laufschienen und ohne metallische Verbindung mit diesen angebrachte Mittelschiene das Ende der anderen Leitung bildete. Die Lokomotive bestand im wesentlichen aus einer der Strom gebenden ganz gleichen Maschine, deren eines Drahtende durch die Räder der Lokomotive mit den Laufschienen in leitender Verbindung stand, während das andere Ende durch eine Kontaktvorrichtung mit der Mittelschiene kommunizierte.

Wurde nun der Stromlauf geschlossen und die stromgebende Maschine mit etwa 6—700 Umdrehungen pro Minute kontinuierlich gedreht, so setzte sich die Lokomotive mit grosser Kraft in Bewegung, die Bahn alsdann mit konstanter Geschwindigkeit durchlaufend.

Die Lokomotive zog an ihrem Zughaken mit etwa 200 kg, wenn die Wagen festgehalten wurden, und mit 70—80 kg während der Fahrt mit 3 m Geschwindigkeit, was etwa einer Arbeitsleistung von

Fig. 1.

drei effektiven Pferdestärken entspricht. Auffallend erscheint hierbei, dass diese Geschwindigkeit sich nur wenig änderte, wenn anstatt der gewöhnlichen Belastung der Personenwagen (mit 18 Personen) eine doppelte und selbst dreifache Belastung eintrat.

Während nun bei dieser Bahn die Stromzuführung durch eine dritte Schiene stattfand, wandte Siemens im Jahre 1887 zum ersten Male die oberirdische Stromzuführung an, und zwar anlässlich der Weltausstellung in Paris bei einer Strassenbahn von dem Place de la Concorde nach dem Palais de l'industrie.

Sein Entwurf zu einer elektrischen Hochbahn zu Berlin wurde von den Behörden nicht genehmigt, und er sah sich hierdurch veranlasst, an einer zur ebenen Erde liegenden Strassenbahn nachzuweisen, dass die neue Betriebskraft, sowie die Stromzuführung mittels der Schienen allen Anforderungen eines regelmässigen und dauernden Betriebes gewachsen sei. Die von Werner v. Siemens gegründete Firma Siemens & Halske erbaute dann im Jahre 1881 die elektrische Strassenbahn vom Anhalter Bahnhof in Gross-Lichterfelde bei Berlin bis zur Haupt-Kadettenanstalt, welche im Mai desselben Jahres dem öffentlichen Verkehr übergeben wurde. Bei der Eröffnung aber sagte Siemens selbst:

»Sie darf nicht als Muster einer elektrischen Bahn zu ebener Erde betrachtet werden, sie ist vielmehr als eine von ihren Säulen und Trägern herabgenommene Hochbahn aufzufassen«.

Diese erste öffentliche elektrische Strassenbahn ist somit die älteste elektrische Strassenbahn der Welt.

Alsdann folgen von der Firma Siemens & Halske noch erbaut im Jahre 1882 und 1883 zwei Grubenbahnen im königlichen Steinkohlenbergwerk Zaukerode und im Salzbergwerk Neu-Stassfurt, ferner die Praterbahn bei Wien, die Strassenbahn von Mödling bei Wien nach Vorderbrühl, die Bahn von Sachsenhausen nach Offenbach a. M. im Jahre 1884 u. a. m.

Nach der im Verhältnis der Zeit raschen Entwickelung dieses Systems trat in Europa wieder Stillstand ein, und da bemächtigten sich die Amerikaner der Sache. Ihr praktischer Sinn, sowie ihre Unternehmungslust und Geschäftsgeist erkannten bald die grossen Vorteile des neuen Verkehrsmittels, und wir sehen in kurzer Zeit in Amerika eine grosse Anzahl elektrischer Bahnen bauen.

Dies gab von neuem Veranlassung zur Weiterbildung in Europa, es befassten sich auch die übrigen Elektrizitäts-Gesellschaften und Verkehrs-Anstalten mit dem Bau elektrischer Bahnen, und das elektrische Strassenbahnwesen nahm auch in Europa jetzt einen gewaltigen Aufschwung, sodass bereits am Ende des Jahres 1894 in Deutschland allein

350 *km* elektrischer Strassenbahnen mit 550 Motor- und 420 Anhängewagen, sowie einer gesamten Betriebskraft von 9500 PS im Betriebe waren, und es war die Vorherrschaft der Elektrizität in der Anwendung auf den Strassenbahnbetrieb gesichert.

2. Kapitel.

Die verschiedenen Systeme.

Ehe auf die Besprechung der einzelnen Betriebssysteme bei elektrischen Strassenbahnen eingegangen wird, soll vorher in kurzen Worten von den Vorzügen dieser Betriebsart anderen gegenüber gesprochen werden. — Wie wir wissen, wurde in den ersten Jahren das Zugtier zum Betriebe von Strassenbahnen verwendet, und noch heute sehen wir in vielen und sogar grossen Städten Pferdebahnen den Verkehr innerhalb der Stadt vermitteln. Zur Verbindung mit Vororten oder in der Nähe gelegenen Ortschaften wurden gewöhnlich Dampfbahnen benutzt, jedoch wir sehen, wie mit Riesenschritten die Elektrizität ihren Einzug hält, und wie nicht nur neue elektrische Bahnanlagen gemacht werden, sondern auch das Bestreben besteht, schon bestehende ältere Strassenbahnen in solche mit elektrischem Betriebe umzuwandeln, sodass in kurzer Zeit der elektrische Betrieb die Regel und die Pferdebahn und die Dampfbahn die Ausnahme sein wird.

Welche Vorteile bietet nun der elektrische Betrieb?[1]

Die grossstädtischen Pferdebahnen erreichen im Durchschnitt eine Bruttogeschwindigkeit von 7—8 *km* pro Stunde. Die grossen Zugwiderstände, die beim Anfahren der Wagen zu überwinden sind und die gerade wegen der vielen Haltestellen so schwer ins Gewicht fallen, sind hierbei vor allem ausschlaggebend. Berücksichtigt man, dass überdies, um starke oder unüberwindliche Steigungen zu vermeiden, diese Bahnen häufig kleine oder grössere Umwege machen müssen, so ergiebt sich, dass dieselben die Geschwindigkeit eines stark ausschreitenden Fussgängers nicht wesentlich übertreffen.

Die elektrischen Bahnen jedoch können selbst in geschlossen gebauten Ortschaften mit einer Geschwindigkeit von 12, 15 und

---

[1]) Zeitschrift für Transportwesen und Strassenbau Nr. 23 und 24, 1894.

sogar 20 *km* pro Stunde fahren; einerseits deshalb, weil die
Stärke ihrer Motoren ihnen dieses gestattet, anderseits weil die Ge-
schwindigkeitsregulierung eine sehr einfache ist und ein rasches
Bremsen und Anhalten durch die Anwendung von elektrischem Strom
— im Augenblicke der Gefahr — die grosse Geschwindigkeit als
zulässig erscheinen lässt. Hier seien Versuche erwähnt, bei denen
ein vollbelasteter Motorwagen bei Glatteis und bei einer Fahrgeschwindigkeit von 22 *km* auf 8 *m* Entfernung zum Stehen gebracht werden konnte. Wenn man auch in engen Strassen und bei
Strassenkreuzungen mit einer geringeren Geschwindigkeit von 6 bis
10 *km* zu fahren gezwungen ist, so erreicht man doch bei den
städtischen elektrischen Strassenbahnen eine Bruttogeschwindigkeit
von 12—13 *km*, also eine Geschwindigkeit, die beinahe doppelt so
gross ist, wie die der städtischen Pferdebahnen. Aber auch die
Möglichkeit, grosse, für den Betrieb mit Pferden unüberwindliche
oder nur bei Verwendung von unökonomischem Vorspanndienst zu
überwindende starke Steigungen mit Leichtigkeit zu bezwingen, ist
von grosser Wichtigkeit, weil man nicht veranlasst ist, solche
Steigungen, die man gerade bei den Hauptverkehrsadern unserer
Städte findet, zu vermeiden oder nur auf Umwegen zu erreichen.
Der Umstand, dass beim elektrischen Strassenbahnbetrieb im allgemeinen jeder Wagen seinen eigenen Motor trägt, und dass mithin
die Adhäsion seiner Triebräder im direkten Verhältnis zu seiner
Belastung steht, ermöglicht es, dass bei elektrischen Adhäsions-
bahnen Steigungen überwunden werden können, die zu überwinden
weder Dampfbahnen — ohne Zahnstange — noch Pferdebahnen auch
nur im entferntesten in der Lage sind. Gegenüber den mit Pferden
oder Dampf betriebenen Strassenbahnen hat der elektrische Betrieb überdies noch eine Reihe von Vorteilen, vor allem in sanitärer Beziehung.
Die durch die Pferdehufe hervorgerufene Abnutzung des Pflasters
und der dadurch erzeugte schädliche Strassenstaub, die Verunreinigung
des Fahrdammes durch die Zugtiere entfallen, anderseits leidet der
Fahrgast und der Fussgänger nicht wie bei den Dampfbahnen unter
dem nicht zu vermeidenden Geräusch der Lokomotiven, unter dem
ihren Schornsteinen entsteigenden Dampf, Rauch und Funken und
den üblen Gerüchen der verbrauchten Schmiermittel. Die Regulierung
der Geschwindigkeit ist eine bessere wie bei den Dampfbahnen und
das Scheuen von Tieren, wodurch nicht selten Unglücksfälle hervorgerufen werden, kommt in Wegfall.
Die Unglücksfälle und Verkehrsstörungen bei Schneefällen sind
selten und fallen bei Glatteis weg. Die Wagen nehmen weniger
Raum ein, da die Pferde wegfallen; der elektrische Betrieb entlastet
mithin den Strassenverkehr.

Es liegt heute genügend Material vor, um nicht nur behaupten, sondern auch beweisen zu können, dass bei den elektrischen Bahnen der Betriebskoëffizient, d. i. das Verhältnis zwischen Ausgaben und Einnahmen, wesentlich günstiger ist, als bei Pferde- und Dampfbetrieb. Er beträgt im Mittel 50 %, während er beim Dampfbetrieb auf 60 und 70 % steigt und bei Pferdebahnen 90 % erreicht. Die Betriebskosten bei elektrischen Bahnen sind bedeutend geringer als bei anderen, so z. B. die Hälfte so gross als bei Pferdebahnen. Als Folge der grösseren Einnahmen und der verminderten Ausgaben hatte man eine bessere Rentabilität der Anlage zu verzeichnen, sodass manche Bahnen, welche vorher bei Betrieb mit Pferden oder Dampf sich überhaupt nicht oder nur schwach rentierten, nach Einführung des elektrischen Betriebes eine bedeutend grössere Rentabilität aufweisen konnten. So z. B. stieg der Wert der Aktien der Hamburger Strassen-Eisenbahn-Gesellschaft von ca. 95 % im Jahre 1892 bei Pferdebetrieb bis über 200 % im Jahre 1897 bei Einführung des elektrischen Betriebes.

Dass diese Vorzüge bereits vom Publikum die entsprechende Anerkennung gefunden haben, beweist die Thatsache, dass die elektrischen Wagen 25—100 % häufiger benutzt werden, als die vorher mit Pferden oder Dampf fortbewegten Wagen.

Endlich könnte man noch als Vorteil des elektrischen Betriebes dem Pferdebetrieb gegenüber anführen, dass dem elektrischen Motorwagen ein oder mehrere Beiwagen angehängt werden können, ohne die erforderliche Betriebskraft wesentlich zu erhöhen.

Beschreibung der verschiedenen angewendeten oder noch zu erprobenden Betriebs-Systeme.

Der Betrieb elektrischer Strassenbahnen findet in erster Linie der Hauptsache nach auf zwei Arten statt. Entweder wird der zum Betrieb erforderliche Strom in einer Kraftstation erzeugt und durch eine Leitung den einzelnen Wagen zugeführt oder der Wagen führt Kraftsammler, Akkumulatoren, mit sich, die auf der Ausgangs- und auch auf der Endstation geladen werden, und denen dann der Wagen während der Fahrt die erforderliche Betriebskraft entnimmt. Wir können also der Hauptsache nach elektrische Bahnen mit

oberirdischer Stromzuleitung,
unterirdischer Stromzuleitung und
Akkumulatoren-Betrieb

unterscheiden.

Welche von diesen Betriebsarten die beste ist, lässt sich ohne weiteres nicht sagen, da in jedem Falle die Verhältnisse massgebend sind! Das System der oberirdischen Stromzuführung ist indessen das

billigste und betriebsicherste aller bestehenden Systeme. Mit unterirdischer Stromzuleitung sind bis heute verschiedener Mängel wegen
nur einige wenige Anlagen versehen worden.

Der siebente internationale Kongress des Permanenten Strassen-
bahn-Vereins 1893 einigte sich in Budapest zu folgendem Beschluss, der
auch heute noch aufrecht erhalten werden kann. Der Beschluss lautet:
»Der elektrische Betrieb von Strassenbahnen mit unmittelbar
stetiger Zuleitung des Stromes aus Centralkraftstellen hat sich bei
den verschiedenen auf dem Festlande im Betriebe stehenden elektrischen Bahnen bewährt, ...« und:
»So ist denn bis heute das brauchbarste und billigste System
der elektrischen Bahnen dasjenige mit oberirdischer Stromzuführung,
wie wir dasselbe in mehreren deutschen Städten in Anwendung
finden. Diese elektrischen Bahnen haben sich als vollkommen
betriebsfähig in der Praxis bewährt.«

3. Kapitel.

Das den verschiedenen Systemen Gemeinsame.

Die Kraftstation.

In der Kraftstation, wo der zum Betriebe erforderliche Strom
erzeugt wird, sind die hierzu nötigen Apparate und Maschinen aufgestellt, das sind die Dampfmaschinen und die Kessel, die Dynamos
(Fig. 2) und die Schaltbretter mit den erforderlichen Mess- (Fig. 3)
und Schaltapparaten (Fig. 4 und 5). Ist in der Nähe der Kraftstation genügend Wasser vorhanden, so werden die Dynamos durch
Turbinen, in der Regel jedoch in Ermangelung genügender Wasser-
kraft durch Dampfmaschinen in Bewegung gesetzt, wodurch sich
allerdings die Betriebskosten etwas höher stellen. Die Dampfkessel,
meistens Röhrenkessel, finden gewöhnlich in einem besonderen Raume
Aufstellung, wo man noch Speisepumpen, Vorwärmer, Überhitzer,
Wassermesser u. a. m. findet.

Die Dynamos werden mit den Dampfmaschinen in der Regel
direkt gekuppelt, während die kleineren Dynamos mittels Riemen
angetrieben werden. Die Anlage arbeitet gewöhnlich mit einer
Klemmenspannung von 500—600 Volt.

In der Kraftstation findet manchmal und bei den neueren Anlagen in den meisten Fällen eine grössere Akkumulatorenbatterie
Aufstellung, wodurch die Anlage nicht nur allein sicherer, sondern
auch billiger arbeitet.

Fig. 2.

Bei allen Bahnen wechselt der Verkehr sowohl in den verschiedenen Jahreszeiten, als auch in den verschiedenen Tagesstunden,

Fig. 3.

wodurch eine wechselnde Kraftbeanspruchung hervorgerufen wird,
und durch dieses fortwährende Schwanken arbeiten die Maschinen

 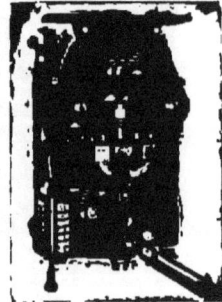

Fig. 4.   Fig. 5.

nicht allein ungünstig, sondern auch der Kohlenverbrauch und hiermit die Betriebskosten werden erhöht. Da die Dampfmaschiuen nur

bei einer konstanten Belastung am ökonomischesten arbeiten, wäre
es für einen vorteilhaften Betrieb sehr ratsam, solche Batterien bei
jeder Anlage aufzustellen.

Bei manchen elektrischen Bahnen wird der zum Betrieb erforderliche Strom nicht in einer eigenen Centrale erzeugt, sondern von
einer schon vorhandenen Lichtcentrale bezogen, wodurch die Betriebskosten vermindert werden, und wo dieser Strombezug nicht möglich
wäre, sollte man darnach trachten, Bahnbetrieb und Lichtbetrieb
gleichzeitig zu verbinden.

Der Strom wird von den Dynamos durch gut isolierte Kabel
dem Schaltbrett, in die einzelnen an demselben befindlichen Apparate
und von da der Leitung und den Fahrschienen zugeführt, wie Fig. 6
zeigt.

Am Schaltbrett befinden sich, wie schon bemerkt, die verschiedenen zum Messen des Stromes und der erforderlichen Spannung
nötigen Instrumente, ferner Bleisicherungen, bei Vorhandensein einer

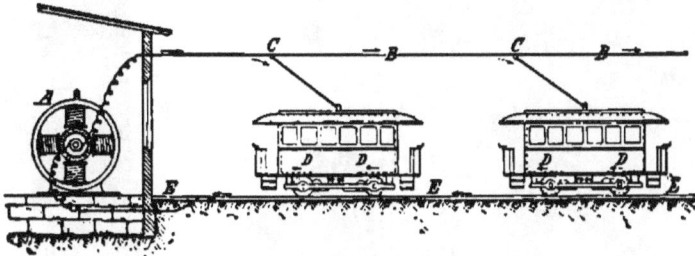

Fig. 6.

Batterie die hierzu nötigen Zellenschalter und die zum Ein- und
Ausschalten des Stromes notwendigen Schaltapparate, und dann sei
auch noch auf die automatisch wirkenden Ausschalter (Fig. 4 und 5)
aufmerksam gemacht.

Dieser Apparat, für verschiedene Stromstärken einstellbar,
fällt bei einer höheren als der eingestellten, der Maschine unter Umständen schädlichen Belastung aus seiner Stellung und verhütet
somit eine Beschädigung der Maschine, bezw. der Leitungen.

Ferner sind an dem Schaltbrett in der Regel Elektrizitätszähler
angebracht. Fig. 3 zeigt einen Thomson-Zähler.

Da die Centralen meistens mit Dampfkraft arbeiten, ist oft noch
eine Kondensations-Anlage errichtet. In der Nähe der Kraftstation
befinden sich ferner die zum Betriebe noch nötigen anderen Gebäude,
wie Wagenschuppen, Werkstätten, Verwaltungsgebäude u. s. w. —
Dies ist im allgemeinen die Einrichtung einer Kraftstation.

Fig. 8.

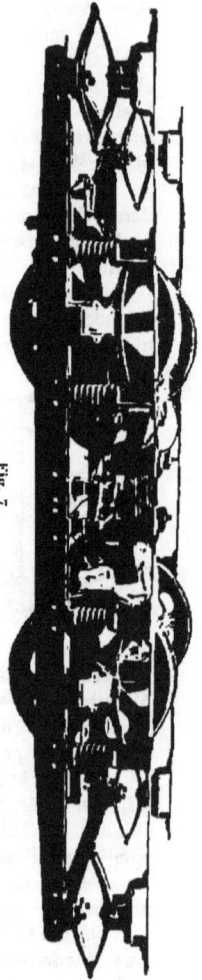

Fig. 7.

Die Fahrzeuge.

Die Fahrzeuge, die elektrischen Motorwagen, bestehen der Hauptsache nach aus zwei Teilen, dem Obergestell oder Wagenkasten und

Fig. 9.

dem Untergestell. Sie unterscheiden sich von den Pferdebahnwagen nur
dadurch, dass sie bedeutend kräftiger gebaut sind und es sein müssen.
Das Untergestell ist im allgemeinen ein Ganzes für sich und vom Wagen-
kasten lösbar, um grössere Reparaturen leicht vornehmen zu können.
Es besteht in der Hauptsache aus dem Rahmen nebst Rädern und dem
Motor und das Ganze ist dann mit einem sogenannten Bahnräumer
umgeben (vergl. Fig. 7 und 8). Auf dem Untergestell ruht der
Wagenkasten (Fig. 9 und 10). Fig. 7 und 9 gehören zu einem

Fig. 11.

zweiachsigen Wagen, Fig. 8 und 10 zu einem vierachsigen. Die
Wagen werden heute elegant ausgestattet und ist allen Bequemlich-
keiten des Publikums Rechnung getragen. Die Beleuchtung geschieht
durch Glühlampen, welche in den Stromkreis eingeschaltet werden
können, und ist der Wagen ferner noch an beiden Enden mit
Richtungslaternen versehen.

Als Signale dienen Läutewerke, meistens Tretglocken, und dann
befindet sich an der Decke eines jeden Perrons noch eine Glocke,

Fig.

. 10.

mittels welcher sich Schaffner und Wagenführer miteinander verständigen. Auf den Perrons findet man neben den Wagenschaltern, welche zur Schaltung der Motoren und Regulierung der Geschwindig-

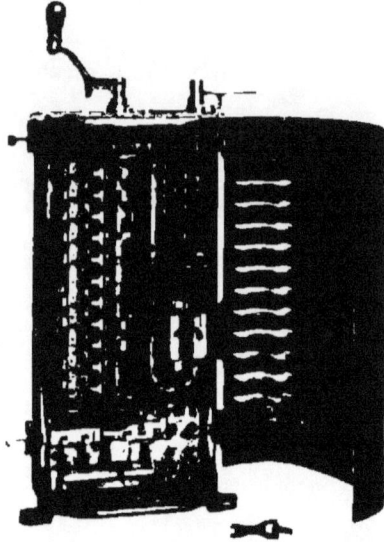

Fig. 12.

keit dienen, noch Bremshebel und Sandstreuapparate. Fig. 11 zeigt den A. E. G.-Schalter und Fig. 12 den Union-Schalter.

Die Motoren.

In dem Untergestell sitzt der Motor, und ist der Wagen von grösserer Dimension oder sind besondere Steigungen zu überwinden, so werden die Wagen mit zwei oder mehreren Motoren ausgerüstet. Der durch die Wagenleitung (Fig. 13) dem Motor zugeführte Strom setzt denselben und seine Achse, welche an ihrem Ende ein Zahnrad trägt, in Bewegung. Letzteres greift in ein auf der Radachse sitzendes Zahnrad ein, wodurch sich der Wagen in Bewegung setzt. Der Motor sowie die Radsätze sind je von einem Gehäuse umgeben, wodurch sie vor Staub und Schmutz geschützt werden. Die Motoren werden von den einzelnen Firmen bei wenig abweichender Konstruktion in verschiedenen Typen hergestellt, was aus den einzelnen Abbildungen (Fig. 7, 8 u. 14 —19) ersichtlich ist. Eine besondere Art von

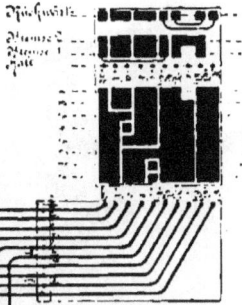

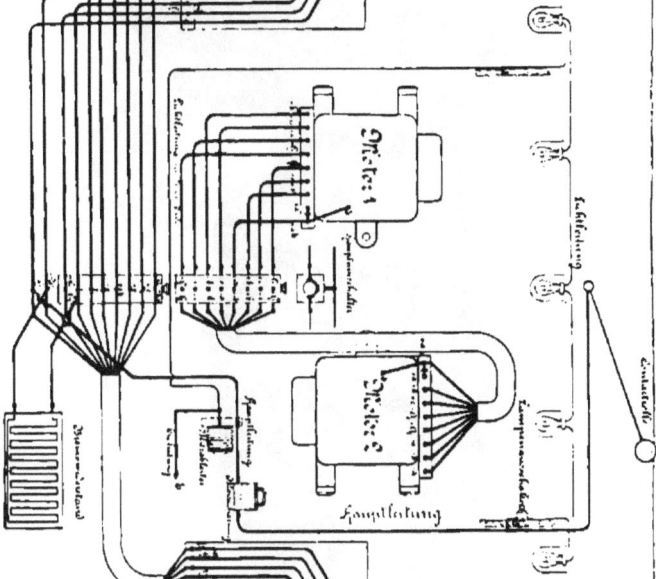

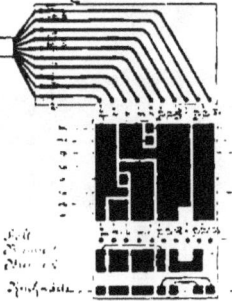

Fig. 13. Schaltungsschema für Motorwagen.

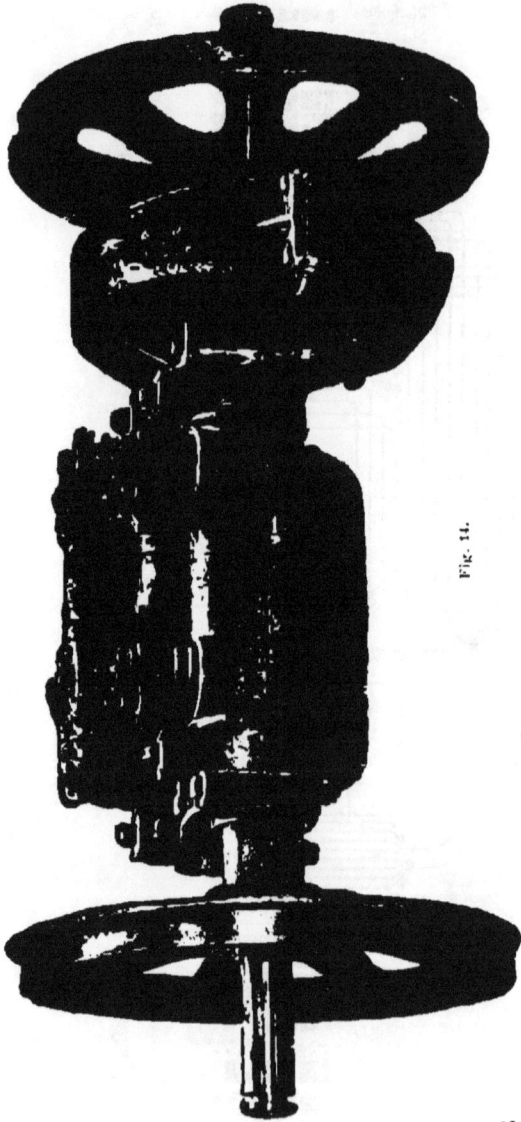

Fig. 14.

Motoren und speziell eine neue Methode der Aufhängung bringt die
Elektrizitäts-Aktien-Gesellschaft vorm. Felix Singer & Co. in Berlin
in Anwendung, welche in Europa die Walker Manufactury Co. in

Fig. 15.

Cleveland, Ohio U. S. A., vertritt und von dieser Gesellschaft die
Motoren und Apparate direkt bezieht. Der Motor wird bei diesem
Walker-System am Wagenuntergestell befestigt und es wird durch

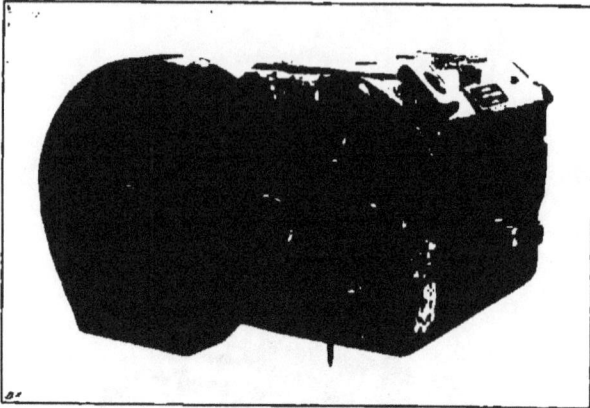

Fig. 16.

eine besondere Kuppelung des Motors zu den Wagenachsen bezweckt,
dass der Motor federnd und elastisch arbeitet uud alle unliebsamen
Schläge und Erschütterungen, welche besonders bei den Schienen-

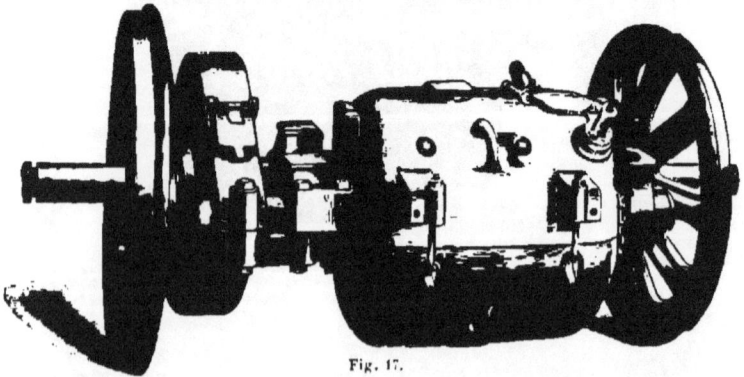

Fig. 17.

stössen auftreten, auffängt (vergl. Fig. 20). Fig. 21 zeigt einen un-
bewickelten und Fig. 22 einen bewickelten Bahnmotoranker all-
gemeiner Type.

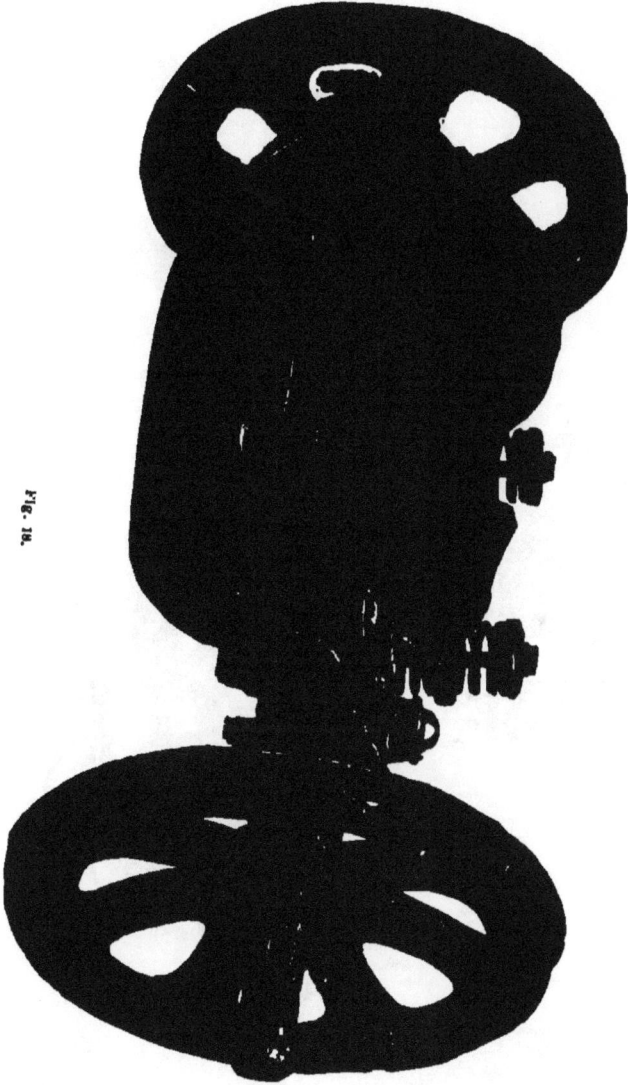

Fig. 18.

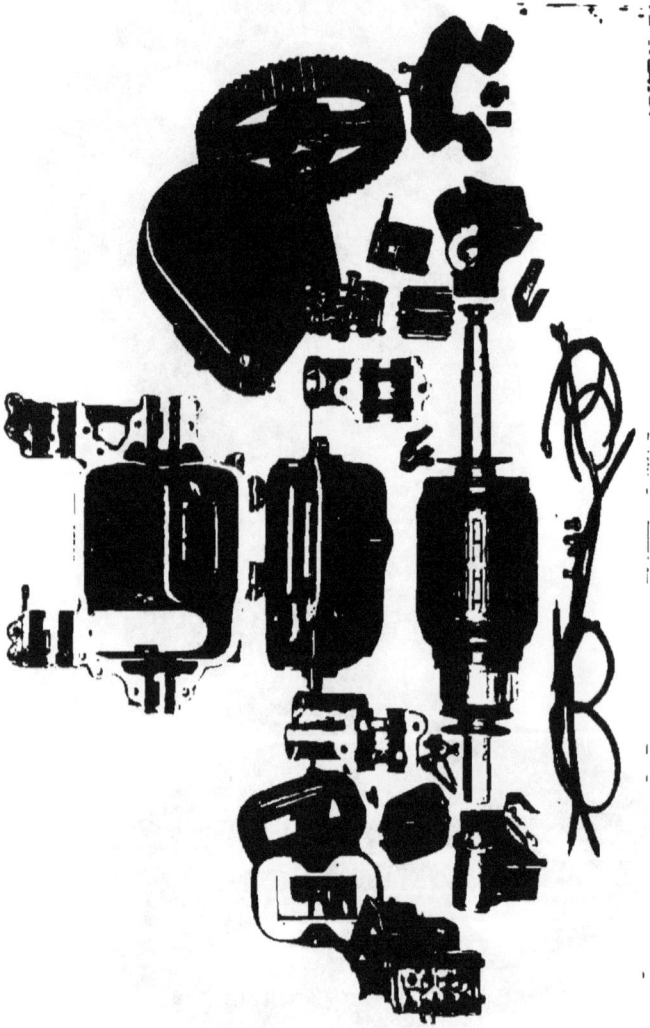

Fig. 19. Zerlegter Strassenbahnmotor.

Bremsen und Schutzvorrichtungen.

Jeder Motorwagen ist mit einer Bremse ausgerüstet, und kommen hier sehr verschiedene Systeme, meistens eigenartige der einzelnen

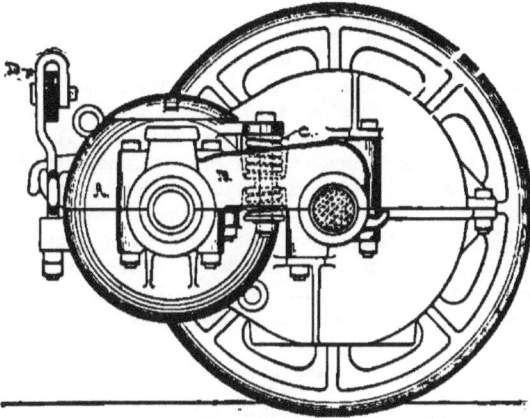

Fig. 20.

Fig. 21.

Fig. 22.

Fabriken, in Anwendung. Die Uniongesellschaft in Berlin verwendet nach ihrer Angabe folgende acht Arten von Bremsen:

1. Spindelbremse.
2. Schienenbremse.
3. Zangenbremse.
4. Fallbremse.
5. Kurzschlussbremse.
6. Elektromagnetische Bremse.
7. Luftbremse.
8. Gegenstrom.

1. Die Spindelbremse hat die allgemeine Form mit Bremsklötzen und wird an jedem Wagen angebracht.

2. Die Schienenbremse besteht im wesentlichen aus Bremsschuhen, die von dem Führerstand aus vermittelst eines Hebelwerkes auf die Schienen gepresst werden, sodass die Räder nahezu entlastet sind und der Wagen auf den Bremsschuhen gleitet. Diese Bremse hat als Aushilfsmittel im Notfalle in Remscheid für grosse Steigungen Verwendung gefunden, ist indessen wieder verlassen worden, weil sie den Ansprüchen nicht vollkommen genügte.

3. Die Zangenbremse wird bei der von der Union gebauten Pöstlingbergbahn bei Linz a. D. benutzt. Die Wagen werden bei dieser Einrichtung durch eine Zange, welche den Schienenkopf umklammert, festgehalten.

4. Die Fallbremse. Die Hauptbestandteile derselben sind keilförmige Klötze, welche vor den Rädern angehängt sind. In Notfällen lässt der Wagenführer diese Hemmschuhe auf die Schienen fallen, wodurch die Räder auf dieselben auflaufen und still gesetzt werden.

5. Die Kurzschlussbremse. Sie wirkt ohne nennenswerten Verschleiss irgendwelcher Teile je nach dem Willen des Führers, beliebig weich oder auf das denkbar schärfste, und hat sich, bereits seit Jahren im Betrieb, auf das beste bewährt. Ihre Wirkung beruht darauf, dass der Wagenführer durch einfache Drehung derselben Kurbel, welche er zum Regulieren des Motorstromes benutzt, die Motoren in Generatoren verwandelt, welche die lebendige Kraft des Wagens in Elektrizität umwandeln. Letztere und damit die Bremskraft wird durch Widerstände reguliert.

6. Die elektromagnetische Bremse. Diese bildet eine Ergänzung zur Kurzschlussbremse und zeichnet sich durch zuverlässige und aussergewöhnlich kräftige Wirkung aus. Sie besteht aus einem, am Untergestell aufgehängten Magnetsystem und einer auf der Laufachse befestigten Ankerscheibe. Die Bremsung erfolgt, sobald das Magnetsystem von den als Generatoren arbeitenden Motoren Strom erhält, und zwar je nach Schnelligkeit der Kontrollerschaltung beliebig weich oder scharf, jedoch ohne Stoss. Die Bremse ist leicht und lässt sich ohne Schwierigkeit nicht nur an Motor-, sondern auch an Anhängewagen anbringen, ein Vorteil, welchen diese Art der Bremsung vor der Kurzschlussbremsung hat. Die dem Ver-

schleiss unterworfenen Teile sind bequem und mit geringen Kosten
zu ersetzen; jedoch ist der Verschleiss an und für sich gering, weil
ein Teil der Bremsung durch Erzeugung sogenannter Foucault-
Ströme in der Ankerscheibe bewirkt wird.

Im Betriebe stellt sich demgemäss die elektrische Bremse billiger,
als die bisher allgemein verwendete Radbremse.

7. Die Luftbremse ist ähnlich wie bei den Vollbahnen. Während
der Fahrt wird vermittelst einer durch eine Wagenachse angetriebenen
Pumpe Luft komprimiert und in einem Behälter aufgespeichert. Die
Bremsung erfolgt, indem der Wagenführer von seinem Stande aus
ein kleines Ventil öffnet, alsdann gelangt aus dem erwähnten Behälter Druckluft in den sogenannten Bremscylinder und der zu-
gehörige Kolben presst die Bremsbacken gegen die Radkränze. Die
Anhängewagen werden ebenfalls mit Bremscylindern versehen und
vermittelst eines Luftschlauches mit dem Druckluftbehälter des Motorwagens in Verbindung gebracht, sodass bei Zügen jede Achse für
sich gebremst wird. Die Pumpe arbeitet leer, sobald der Druck der
Luft in dem Behälter das gewünschte Maximum erreicht hat. Wenn
auch die Luftbremse als zweckmässig empfohlen werden kann, so
ist immerhin zu beachten, dass sie Strom verbraucht, wodurch die
Betriebskosten, wenn auch nur im geringen Masse, erhöht werden.

Eine elektrische Bremse wurde auch der Allgemeinen Elektrizitäts-Gesellschaft in Berlin patentiert und beruht diese Vorrichtung darauf, dass der Motor als Dynamo läuft und hierdurch
eine starke Bremswirkung ausübt. Eine noch verstärkte Wirkung
wird durch eingeschalteten Kurzschluss erreicht und soll mittels
dieser Vorrichtung eine Bremsung auf einige Meter möglich sein.

Auf demselben Prinzip beruhen die von der Firma A. G. Siemens &
Halske, von der Elektrizitäts-Gesellschaft vorm. Felix Singer & Co.
in Berlin (System Walker) und noch anderen Firmen eingeführten
Bremsen.

Wenn den Brems- und Schutzvorrichtungen an dieser Stelle
ein grösserer Raum angewiesen wird, als es eigentlich im Rahmen
des zu behandelnden Kapitels liegt, so geschieht dies aus verschiedenen
Gründen.

In erster Linie deshalb, um der irrigen Ansicht zu begegnen
und den hierdurch noch häufig gemachten Vorwurf zu widerlegen,
dass der elektrische Betrieb dem Strassenverkehr nicht dieselbe
Sicherheit gewähre, wie animalische Betriebsarten.

Dass der elektrische Betrieb doch mindestens denselben Schutz
gewährt, wie der Dampfbetrieb, wird keiner Erörterung bedürfen,
dass er dem Pferdebetrieb gegenüber etwas mehr Gefahr mit sich
bringt, ist zum grössten Teil der grösseren Fahrgeschwindigkeit zu-

zuschreiben, wenn auch anderseits zugegeben werden muss, dass
der Pferdebahnkutscher fast seine ganze Aufmerksamkeit den Pferden
zuzuwenden hat, während der Führer des elektrischen Motorwagens
dieselbe bei einiger Übung der Fahrbahn zuwenden kann und deshalb entgegentretende Hindernisse rascher bemerkt und infolgedessen
auch rascher seine Brems- und Schutzvorrichtungen in Thätigkeit
setzen kann. Bei plötzlich entgegentretenden Hindernissen — und
diese bilden doch die Mehrzahl der Unglücksfälle — sind alle Betriebsarten gleich machtlos. Ausserdem ist hierbei noch zu berück-
sichtigen, dass bei der Neuheit der Sache allen Unglücksfällen im
elektrischen Betriebe die Tagespresse eine weit höhere Aufmerksamkeit zuwendet, als den anderen. So verzeichnet z. B. die Grosse
Berliner Pferdebahn in ihrem Jahresbericht über das Jahr 1894

391 Verletzungen, worunter

4 Todesfälle und

47 Fälle von schweren Verwundungen,.

ohne dass hierbei etwas Aussergewöhnliches gefunden wurde, und
bei anderen Strassenbahnen ist nach Einführung des elektrischen
Betriebes eine Steigerung der Unglücksfälle auch nicht zu konstatieren
gewesen. Zudem ist die Technik fortwährend bemüht, auf dem
Gebiete der Schutz- und Bremsvorrichtungen Neuerungen und Verbesserungen zu schaffen.

Trotz aller Vorrichtungen wird es natürlich gefährlich bleiben,
einem dahersausenden Strassenbahnwagen in den Weg zu kommen,
jedoch gewähren jene Vorrichtungen immerhin den Schutz, die
Räder über den Körper des zu Fall kommenden Menschen nicht hin-
weggehen zu lassen. Tüchtige, zuverlässige Wagenführer und gute,
rasch wirkende Bremsen werden immer den besten Schutz gewähren.

Es existiert eine Unmenge von Schutzvorrichtungen, in Amerika
allein sind ca. 300 patentiert, von denen die wichtigsten und gebräuchlichsten die nachfolgend beschriebenen sind:

Die Schutzvorrichtung der Robins Life Guard and Manuf. Co. in Philadelphia.[1])

Diese Schutzvorrichtung besteht aus einem am unteren Teile
des Wagens befestigten leichten Eisengestell, das ca. 1 *m* her-
vorragt und bei veränderter Fahrgeschwindigkeit oder Stillstand
nach oben an die Stirnseite des Wagens aufgeklappt werden
kann. Die horizontale und vertikale Seite sind mit elastischem
Drahtnetz bezogen, sodass eine Person selbst bei schneller Fahrt

---

[1]) Zeitschrift für Transportwesen und Strassenbau Nr. 5, 1894.

des Wagens, ohne Schaden zu nehmen, von diesem Netz aufgefangen werden kann. Am vorderen Ende befinden sich noch zwei mit Gummi überzogene Walzen, welche dazu dienen, einerseits den Stoss abzuschwächen, anderseits zu verhindern, dass die aufgefangene Person wieder das Strassenniveau berührt.

Du Quesney's Schutzvorrichtung an Strassenbahnwagen.[1]

An jedem Ende des Wagens sind zwei senkrechte und verstrebte Flachstäbe befestigt, welche an den oberen Enden zu wagrechten Gabeln ausgebildet sind und an den unteren Enden Löcher haben. Zwischen die erwähnten Gabeln, durch welche senkrechte Bolzen gesteckt sind, greifen die gebogenen Enden von schrägen Stangen ein, die sich also um die Bolzen drehen. An ihren unteren Enden sind Muffen drehbar gesichert, die mit oberen und unteren Ohren versehen sind. Durch die unteren Ohren ist quer über dem Gleise eine Stange gesteckt, sodass auf diese Weise ein Rahmen gebildet ist. Die Enden der Stange dienen gleichzeitig als Zapfen, um welche wagrechte Stangen schwingen. Diese sind an ihren Enden mit Gewinden versehen und tragen büchsenförmige Muttern, welche in die erwähnten Löcher der senkrechten Flachstäbe passen. Mit Hilfe der Muttern lässt sich also die vordere Kante des Rahmens heben und senken. Die eigentliche Fangvorrichtung besteht in einem Netz-rahmen, der nahe der vorderen Kante an den oberen Ohren der erwähnten Muffen drehbar gelagert ist. Der Rahmen setzt sich aus drei Eisenstangen und einer derben Gummistange zusammen. Die Seitenstangen sind an den hinteren Enden aufwärts gekröpft, sodass das Netz an der hinteren Seite als eine Art Kissen zum Auffangen von Kopf und Schultern des darauf gefallenen Menschen dient. Die dritte Eisenstange überragt den am Wagen ausgespannten Rahmen, sodass ihre Enden von den schrägen Stangen desselben aufgefangen werden. Zur Abschwächung von Stössen sind an den schrägen Stangen Federn angebracht. Die Gummistange an der vorderen Seite des Netzrahmens erstreckt sich dicht über dem Strassenpflaster hin und soll Verletzungen der Glieder vorbeugen. Für gewöhnlich wird der Netzrahmen durch Spiralfedern aufwärts gespannt. Trifft der Wagen auf einen Menschen, der sich nicht rasch genug aus der Bahn ent-fernt hat, so fällt der letztere in das Netz hinein. Der Netzrahmen dreht sich dann an der hinteren Seite niederwärts und bringt den Fallenden in eine sichere Lage über dem Strassenbahnpflaster, sodass er durch seine Kleider nicht fortgeschleift werden kann.

---

[1] Uhlands Verkehrs-Zeitung 1896, Nr. 22.

Die Beheizung der Strassenbahnwagen.

Eine Neuerung, aber den allgemeinen Bedürfnissen entsprechende Einrichtung ist die Beheizung der Strassenbahnwagen, und obwohl heute die Ansicht über diese Einrichtung noch geteilt ist, so steht doch zu erhoffen, dass sich dieselbe in Bälde überall Eingang verschaffen wird. In Deutschland befassen sich speziell die zwei nachfolgend genannten Firmen mit der Herstellung solcher Heizapparate, jedoch auch die einzelnen Elektrizitätsgesellschaften haben teilweise für ihre Bahnen elektrische Heizapparate konstruiert und angewendet.

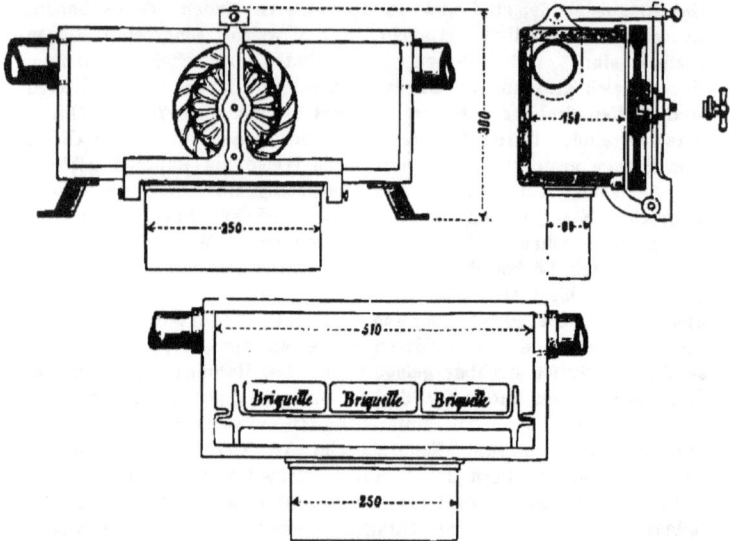

Fig. 23.

System: von der Linde, D. R. G. M. Nr. 12 980, im Besitze der Deutschen Wagenheizungs- und Glühstoff-Gesellschaft in Frankfurt a. M. (früher in Bremen).

Der Heizapparat (Fig. 23), bei mehr als 30 Bahnen schon in Anwendung, besteht aus einem gusseisernen, luftdicht verschliessbaren Kasten — 50 cm lang, 17 cm breit, 25 cm hoch — welcher unter der Sitzbank zwischen den beiden Radkasten angebracht wird und mit Luftzuströmungsschacht und Abströmungsrohren versehen ist. Durch letztere werden die schädlichen Gase, welche sich bei jeder Verbrennung entwickeln, ins Freie geführt. Diese Anordnung bildet den Hauptvorzug dieser Apparate. Der Luftzuströmungsschacht ist (wie Abbildung zeigt) in den Boden des Heizkastens eingelassen und ragt durch einen entsprechenden Ausschnitt im Wagenboden nach Aussen, wodurch die Zuströmung der Luft in den Apparat ermöglicht wird. Die Abströmungsrohre sind von den seitlichen Rohransätzen des Apparates aus entlang der Radkasten in die Wagenecken und dort mittels Knierohr durch den Boden nach Aussen zu leiten, und ermöglichen so die Abströmung der im Apparat erzeugten Verbrennungsgase. In den Heizkasten werden je nach der Witterung 1--3 der eigens dazu von der Fabrik präparierten Glühbriquettes vermittelst eines losen Rostes eingeschoben, nachdem dieselben in einem Ofen- oder Herdfeuer einige Minuten durchglüht sind, bis sie äusserlich weissglühend erscheinen. Diese Briquettes haben eine Brenndauer von 7—9 Stunden und kosten pro Stück ca. 8 Pfg. Der Preis eines solchen Apparates beträgt 45 Mark.

Ein etwas anders konstruierter Apparat wird von der Firma Georg Berghausen sen. in Köln in den Handel gebracht, und ist auch dieser Apparat bei mehreren Bahnen schon in Gebrauch. Diese Heizvorrichtung besteht darin, dass an den Längsseiten der Wagen unter der Sitzbank eine kupferne etwa 30 cm weite Röhre angebracht wird, worin die von der Firma Berghausen präparierten Briquettes von aussen auf Rosten eingeschoben werden. Die Briquettes werden vor der Fahrt leicht entzündet und brennen durch die bei der Fortbewegung des Wagens hervortretende Zugluft. Der Preis eines solchen Apparates beträgt je nach der Grösse des Wagens 50 bis 150 Mark, jedoch sollen die Anschaffungskosten im Verhältnis zu den dadurch erreichten Resultaten gering sein.

Die elektrischen Heizapparate sind in der Konstruktion und Anordnung so ziemlich einander gleich. Diese Apparate sind so konstruiert, dass sie unter den Sitzen des Wagens befestigt werden können, und 4—5 Stück genügen für einen 5—6 m langen Wagen.

4. Kapitel.

Das oberirdische Stromzuführungssystem.

Durch Einführung des amerikanischen Rollensystems wurde bei Strassenbahnen die Anwendung des elektrischen Stromes eine rationelle und allgemeine, und gebührt in dieser Beziehung der Allgemeinen Elektrizitäts-Gesellschaft und der Union-Elektrizitäts-Gesellschaft das Verdienst, dieses System, das sich bis heute sehr gut bewährt hat, bei uns eingeführt zu haben, ein System, nach welchem 70 % der elektrischen Bahnen der Welt gebaut sind. Diese von den genannten

Gesellschaften in Europa eingeführten Systeme (Sprague und Thomson-Houston) wurden zuerst in Amerika von der Sprague-Gesellschaft und von der früheren Thomson-Houston-Compagnie, der jetzigen General-Electric Co. ausgearbeitet und erprobt, und darauf mit grossem Erfolg in die Praxis eingeführt. Die erste Bahn der Thomson-Houston-Compagnie gelangte im Jahre 1887 zur Ausführung und nach Verlauf von 12 Jahren werden heute nach diesem System nicht weniger als 500 Bahnen, mit ungefähr 20000 km Gleis und 30000 Motorwagen betrieben.

In Europa wurde die erste elektrische Bahn nach diesem System in der Hansastadt Bremen im Jahre 1890 während der Ausstellung in Betrieb gesetzt.

Bei diesem System wird der erforderliche Strom in einer Centralstelle erzeugt und durch eine sich über das ganze Netz ausdehnende (5—6 m über dem Pflaster) Leitung den einzelnen Wagen zugeführt. Jeder Wagen besitzt einen oder mehrere Elektromotoren, welche durch den zugeführten Strom erregt werden und die Räder des Motorwagens durch Zahnräder in Bewegung setzen. Der Stromkreis wird durch die Fahrschiene geschlossen. Die angewandte Netzspannung beträgt gewöhnlich 5—600 Volt. Das System dieser eben besprochenen Stromzuführung wird durch Fig. 6 in schematischer Darstellung näher erläutert. Der Strom wird durch mechanische Arbeit in der Regel mittels einer Dampfmaschine in der Dynamomaschine A erzeugt, geht z. B. von der positiven Bürste in der Richtung der Pfeile in die oberirdische Leitung B, wird dort durch die Kontaktrolle oder Bügel C abgenommen und den Motoren D zugeführt. Durch die Fahrschienen E schliesst sich der Stromkreis zur negativen Bürste der Dynamomaschine.

Zu den wesentlichen Bestandteilen einer Strassenbahnanlage mit elektrischem Betriebe gehören ausser den im vorhergehenden Kapitel beschriebenen noch folgende:

Der Oberbau, die Stromleitung und Stromabnehmer.

Über den Oberbau für Strassenbahnen.[1]

Als man anfing, Strassenbahnen zu bauen, befand man sich bezüglich des Oberbaues zum Teil unter dem Einfluss der Hauptbahntechnik und verwendete Holzunterlagen, Holzschwellen, allerdings weniger Querschwellen als Langschwellen, auf welche die verhältnismässig leichten Eisenschienen aufgenagelt wurden. Holzschwellen

---

[1] Zeitschrift für Kleinbahnen, Juni 1897.

sind seitdem selbst für leichteren Pferdebetrieb längst als unbrauchbar erkannt worden, und zur Zeit bedient man sich für den Strassenbahnbau nur noch solcher Schienen, welche ohne Schwellen mit entsprechend breitem Fusse direkt in der Bettung ruhen. Der Motorbetrieb mit seinen höheren Radlasten, grösseren Geschwindigkeiten und seiner für den Oberbau ungünstigeren Antriebsweise erfordert einen besonders kräftigen und haltbaren Oberbau; nur Pferdebetriebe mit ganz aussergewöhnlich rascher Wagenfolge stellen unter Umständen, wie zum Beispiel auf manchen Berliner Strassenbahnstrecken, fast gleiche Ansprüche an die Leistung des Oberbaues. Für derartige Pferdebahnen sind bei Einführung des elektrischen Betriebes ganz besondere Massnahmen geboten.

Fast ausnahmslos kommt die Rillenschiene in Anwendung. In Deutschland, wie auch in anderen europäischen Ländern üblich, ist die auch meist von den Behörden geforderte sogenannte metallisch geschlossene Rille. In Amerika zieht man ihr vielfach einen Absatz vor, um den Fuhrwerken das Fahren im Gleis zu erleichtern. Die Erfahrungen der Praxis haben jedoch gezeigt, dass die metallische Leitkante unter gewissen Umständen, nach erfolgter Abnutzung des Schienenkopfes und nach entsprechender Abnutzung und Eindrückung der Pflastersteine in die Strassendecke, aus dieser vorsteht und dann eher ein Hindernis als eine Erleichterung für den Querverkehr der Strassenfuhrwerke bildet.

Die Rillenweite und die Rillentiefe beträgt in der Regel 30 mm. Die Querverbindung der beiden Fahrstränge eines Gleises wird heutigen Tages allgemein durch hochkantig angeordnete Flacheisen mit Winkelenden bewerkstelligt, und zwar vermittelst einiger kräftiger Schrauben, die durch den Schienensteg gezogen werden.

Der Oberbau, wie er heute bei stark in Anspruch genommenen Strassenbahnen verwendet wird, wiegt ca. 100 kg für das Meter Gleis, dabei sind Laschen, Querverbindungen u. s. w. mitgerechnet. Von dem Bettungsmateriale für Strassenbahngleise muss gefordert werden, dass es eine gewisse Elastizität und Festigkeit besitzt, vermöge deren es die Druckspannungen der Schiene auf eine thunlichst grosse Oberfläche zu übertragen imstande ist. Ferner ist von dem Bettungsmaterial eine gute Stopfbarkeit zu fordern. Ein möglichst thonfreier Kies, dessen Körner die Grösse einer Haselnuss nicht wesentlich überschreiten, ist als ein brauchbares, Steinschlag oder Kleinschlag aus Basalt oder sonstigem festen Gestein dagegen als ein sehr gutes Bettungsmaterial zu bezeichnen.

Von den sonstigen Beziehungen zwischen Schiene und Gleisbett, sowie den Beziehungen zwischen Rad und Schiene, den Weichen und Gleiskreuzungen noch zu sprechen, würde zu weit führen. Wie vorher bemerkt, wird bei elektrischem Betriebe der Strassenbahnen meistens das Gleis zur Leitung des Stromes mit benutzt und wird zu diesem Zwecke eine besondere Verbindung der Schienenteile durch Kupferdrähte hergestellt. Es wurde dies bei verschiedenen Bahnen unterlassen, wodurch der Strom seinen Rückweg nicht durch die Schiene nahm, sondern auf nahe gelegene, bessere Leiter, wie Wasserleitungs- und Gasrohre übersprang, wodurch hauptsächlich bei den ersten Anlagen in Amerika nicht selten Schaden entstand.

Mit der Fabrikation von Rillenschienen (Fig. 24) beschäftigen sich u. a. in Deutschland mehrere westfälische Firmen, wie: die Aktiengesellschaft für Bergbau und Hüttenbetrieb »Phönix« in Laar bei Ruhrort, dann der Hörder Bergwerks- und Hütten-Verein in Hörde und die Gesellschaft für Stahlindustrie in Bochum.

Die Fabrikationsmethoden dieser Firmen sind fast alle und überall patentiert. Um endlich noch von den Eigenschaften desjenigen Rillenschienen-Oberbaues zu sprechen, welcher Anspruch auf Güte und Einfachheit machen will, so muss ein solcher in erster Linie folgenden Anforderungen genügen:

1. Die Schienen müssen leicht verlegt und repariert werden können;

2. sie müssen eine gleichmässige Spurrille besitzen und eine leichte Einpflasterung gestatten;

3. die Stossverbindung muss eine gute sein, und

4. muss das System einen vollkommen centralen Druck gestatten können.

Wie bereits bemerkt, werden fast nur Rillenschienen bei Strassenbahnen verwendet, welche sich sehr leicht mit Schmutz füllen, ein Missstand, der verschiedene nachteilige Folgen mit sich bringt und ein fast tägliches Reinigen bedingt. Die Laufkränze der Räder ruhen, da dann der Wagen auf den Spurkränzen läuft, nicht mehr auf der ebenen Schiene, wodurch

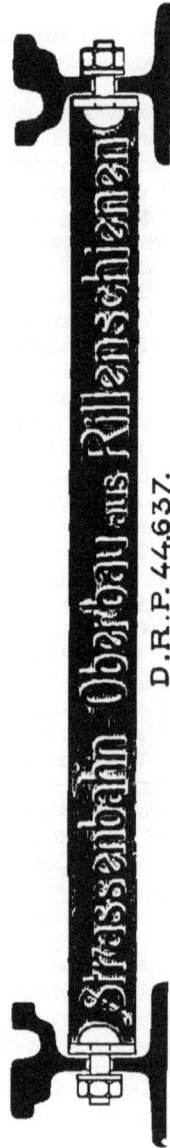

D.R.P. 44.637.

Fig. 24.

eine rasche Abnutzung der Spurkränze und eine Reibungsvermehrung erfolgt und viel leichter ein Entgleisen des Wagens stattfinden kann. Diese Missstände bedingen ferner noch einen grösseren Kraftaufwand, um die vorgeschriebene Geschwindigkeit der Wagen erhalten zu können. Von diesen Übeln ist die Haarmann'sche Doppelschiene, wie Fig. 25 einige Typen zeigt, frei. Dieselbe wird von dem Georgs-Marien-Bergwerks- und Hüttenverein zu Osnabrück hergestellt.

Das Reinigen der Schienen geschah früher und zum grössten Teil auch heute noch mittels eines Kratzeisens. Bei der fortschreitenden Entwickelung des Strassenbahnwesens hat es an Erfindungen

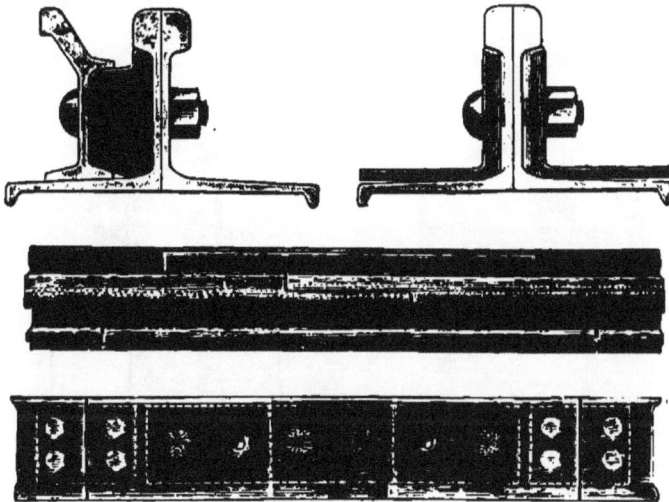

Fig. 25.

selbstthätiger Schienenreiniger nicht gefehlt, jedoch haften all' diesen Erfindungen noch viele Mängel an, sodass bis heute derartige Vorrichtungen nur wenig in Gebrauch sind, jedoch steht zu erhoffen, dass diese nur teils mangelhaften, noch teils auszuprobierenden Schienenreiniger so weit gebessert werden, dass man sie allgemein in Anwendung bringen kann.

Unter anderen bringt die Thomson-Houston-Compagnie in Paris einen Schienenreiniger in Anwendung, welcher sich nach vorliegenden Zeugnissen besonders im Winter bewährt haben soll.

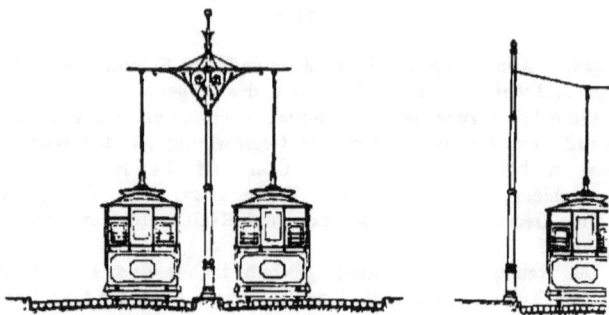

Fig. 4.

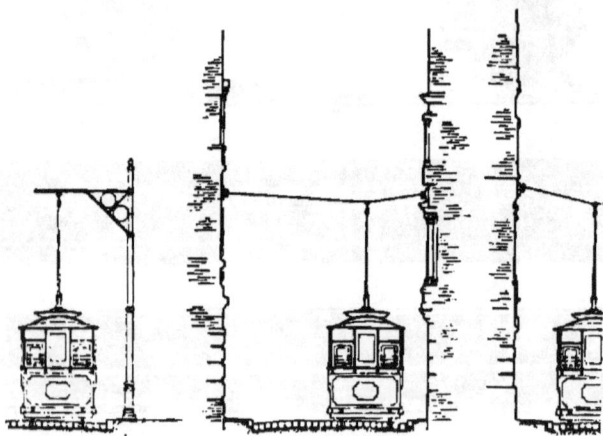

Fig. 1.

Fig. 6.

Fig.

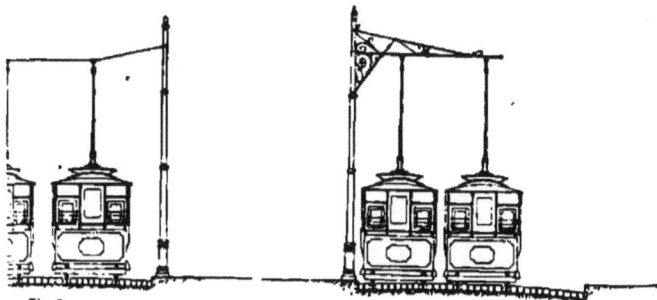

Fig. 3.   Fig. 5.

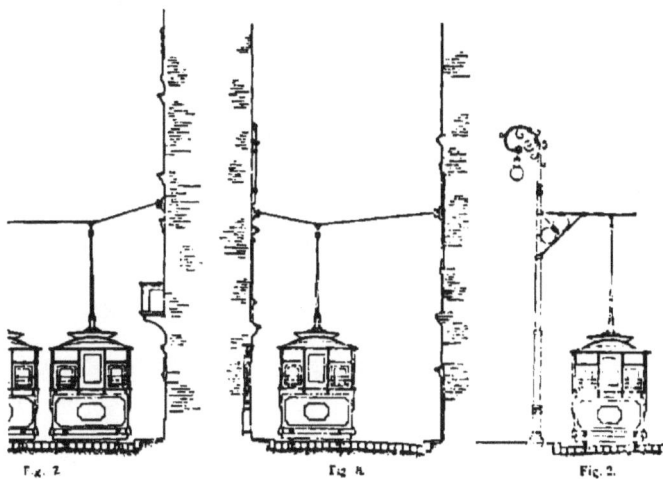

Fig. 2.   Fig. 4.   Fig. 2.

27 bis 34.

Digit

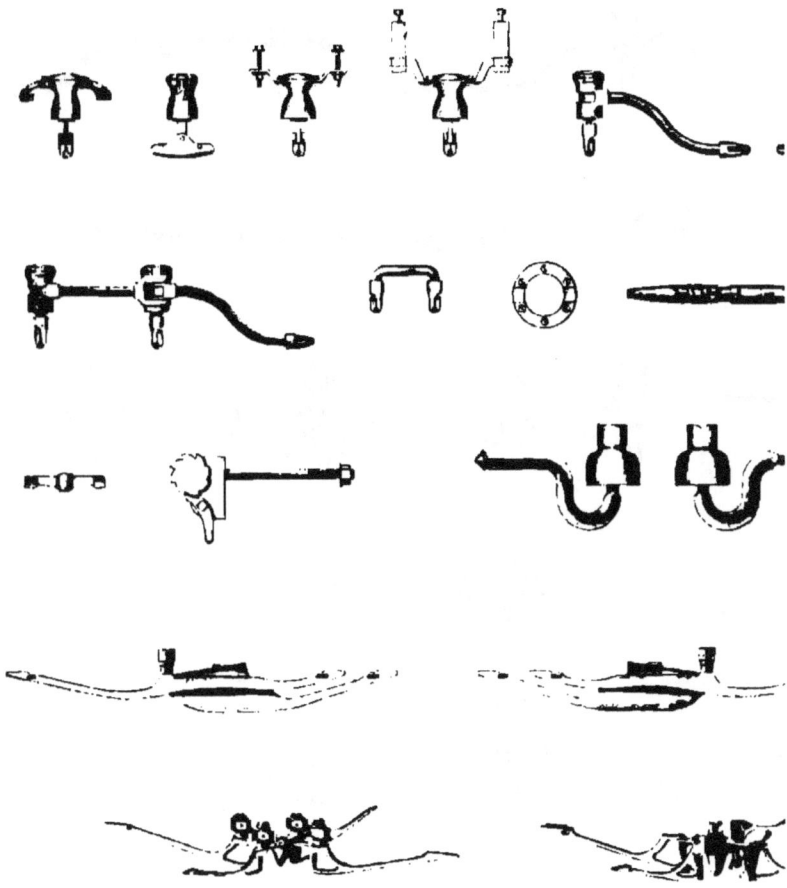

Fig.

35.

Eine ähnliche einfache Vorrichtung ist dem Herrn C.·E. Haege
in München patentiert, mit welcher auch ganz zufriedenstellende
Resultate erzielt worden sein sollen. (Abbildung dieses Apparates
unter Fig. 26.)

Die Stromleitungen.

Es soll hier nur von den Stromleitungen des oberirdischen
Systems die Rede sein und auf die der unterirdischen oder anderen
Betriebsarten bei der folgenden näheren Beschreibung der Systeme
eingegangen werden.

Bei dem elektrischen Betriebe mit oberirdischer Stromzuführung
wird der in einer Centrale erzeugte elektrische Strom durch Kupferdrähte, welche sich über das ganze Betriebsnetz ausdehnen, den ·
einzelnen Wagen zugeführt. Der stromzuführende Draht, sogenannter

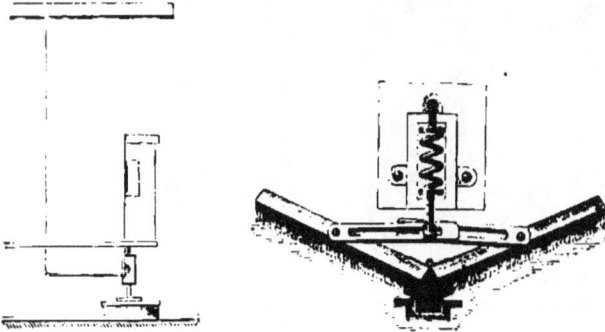

Fig. 26.

Fahrdraht, besitzt gewöhnlich einen Durchmesser von 7—8 mm und
wird von Querdrähten, die entweder zwischen Masten (Rohr- oder
Gittermasten) ausgespannt sind oder von Rosetten, an Häusern befestigt, getragen. Auf Plätzen oder in Strassen, wo es der Raum
gestattet, werden sogenannte Ausleger verwendet, an denen der
Kupferdraht direkt befestigt ist. Oberleitungen in verschiedener
Ausführung zeigen die Abbildungen Fig. 27—34.

Die Quer- und Spanndrähte bestehen aus Stahldraht von hoher
Zugfestigkeit, und geschieht die Verbindung derselben mit den Masten
oder Rosetten mittels isolierender Spannschrauben. Unter den
Rosetten befinden sich Schalldämpfer, durch welche eine Übertragung
irgend welchen Geräusches der Drähte auf die Häuser, an denen
die Rosetten befestigt sind, vermieden wird. Das ganze Leitungs-
netz wird nun noch durch Abteilungsisolatoren in besondere Bezirke
geteilt, denen durch eine eigene Speiseleitung von der Kraftstation

3*

aus Strom zugeführt wird. Ausserdem sind noch, in Entfernungen
von 500 m gewöhnlich, sogenannte Streckenisolatoren angebracht,
wodurch eine etwa defekte Stelle ausgeschaltet werden kann, um die
daran vorzunehmenden Reparaturen ausführen zu können oder auch

Fig. 36.

bei Brandausbrüchen im Interesse der Feuerwehr das in Frage
kommende Netz auszuschalten, ohne dadurch die ganze Bahnanlage
ausser Betrieb setzen zu müssen.

In Fig. 35 sind die Hauptteile des Oberleitungsmaterials zur
Darstellung gebracht.

Die Schliessung des Stromkreises erfolgt in der Regel durch die Schienen.

Eine eigenartige Konstruktion, die Oberleitung über Klappbrücken zu führen, ist in den Fig. 36 und 37 dargestellt und der A. E.-G. patentiert worden. (Siehe II. Teil: Danzig.)

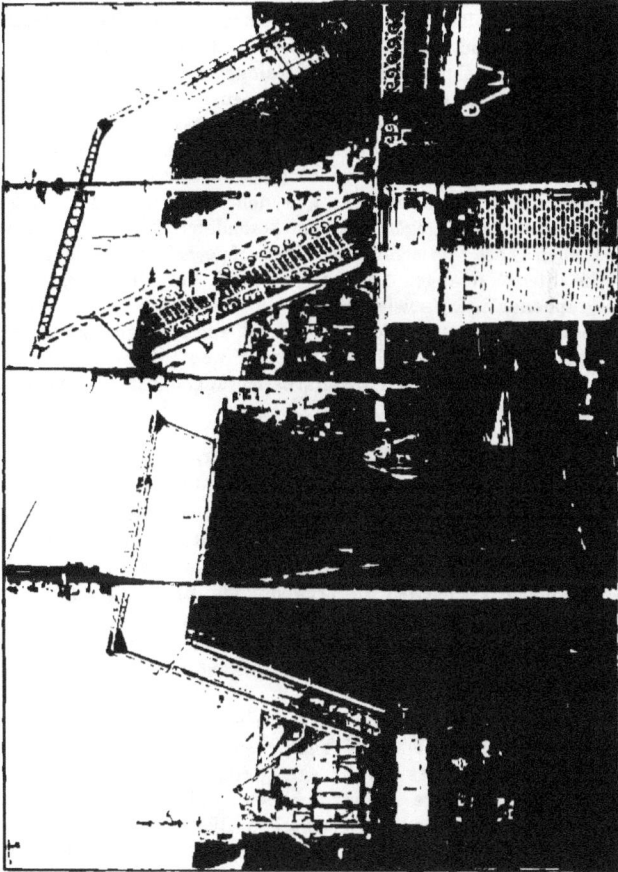

Fig. 37.

Dieses oberirdische Stromzuführungssystem hat oft viele Widersacher, die mitunter nicht mit Unrecht die verschiedensten Anschuldigungen gegen dieses System erheben. In erster Linie wird

auf das unschöne, die Strassen verunzierende und das ganze Strassenbild beeinträchtigende Aussehen der gespannten Drähte hingewiesen.
Die Erfahrung hat jedoch gelehrt, dass die Einwohner sich rasch
an den Anblick der Drähte gewöhnt haben, zumal wenn bei besonderer Rücksicht auf das ganze Strassenbild eine dementsprechende
Auswahl der Rosetten und Masten stattfand. In Städten wie Stutt-
gart, München, Berlin, Nürnberg, welche architektonisch besonders
hervorragend sind, ist auch die oberirdische Stromzuführung in Anwendung, und nehmen sich die allerdings reichlich verzierten Strom-
zuführungsmasten keineswegs unschön aus.

Mit der Herstellung solcher Masten befassen sich die deutsch-
österreichischen Mannesmannröhrenwerke, welche dieselben nach
einem patentierten Verfahren aus einem massiven Block ohne Naht
und aus einem Stücke walzen, was den anderen, aus 3—4 Teilen
zusammengesetzten gegenüber ein besonderer Vorteil ist. Endlich
wird auch noch meistens der Vorwurf erhoben, dass der elektrische Strom unangenehm und störend auf die Telephon- und
Telegraphenanlagen, sowie auf die in die Erde gelegten Gas- und
Wasserleitungsröhren wirke; jedoch bei einer sorgfältig angelegten
Bahnanlage, bei guter Schienenleitung und -Verbindung und bei
Anwendung der sonstigen Schutzvorrichtungen wird jenen Anlagen
genügend Schutz gewährt.

Die Stromabnehmer.

Es ist heute bereits eine grössere Anzahl von Stromabnehmern
für oberirdische Zuleitungen in den verschiedenen Konstruktionen
vorhanden. Die Mehrzahl derselben ist patentiert, jedoch für den
Betrieb von Bahnen bisher nur selten eingeführt. Es sind heute
hauptsächlich zwei Arten in Verwendung, und zwar die von der
A. E.-G. und der Uniongesellschaft eingeführte Kontaktrolle und der
von der A.-G. Siemens & Halske angewandte Gleitbügel. Hierzu
käme nun noch das in letzter Zeit angewandte System mit seitlichem
Stromabnehmer.

Über 95 % aller elektrischen Bahnen sind mit Oberleitung unter
Anwendung der Kontaktrolle ausgerüstet, und hat die Rolle vor
allem den Vorteil, dass bei ihr eine geringere Reibung und infolgedessen eine geringere Abnutzung des Drahtes stattfindet. Allerdings hat die Rolle dem Siemens'schen Bügel gegenüber, der eine
Breite von 1—1,5 m hat, den Nachteil, dass sie bei Kurven und
Weichen öfters entgleist, was zu Betriebsstörungen Veranlassung
geben kann und bei Dunkelheit von dem Betriebspersonal und den
Fahrgästen unangenehm empfunden wird. Durch die Stromunterbrechung erlöschen nämlich die den Wagen beleuchtenden Glüh-

lampen, und der Führer muss tasten, bis er die Rolle wieder unter die Leitung gebracht hat, was manchmal längere Zeit dauert.

Wenn auch bei einer gut ausgeführten Montage das Entgleisen der Rolle seltener vorkommt, so ist dies doch dem Bügel gegenüber ein Nachteil. Trotzdem hat der Bügel die Rolle nicht zu verdrängen vermocht. Beide Systeme können gut nebeneinander bestehen.

5. Kapitel.
Das unterirdische Stromzuführungssystem.

Dieses System hat vor dem mit oberirdischer Stromzuführung verschiedene Vorteile und würde sich zum Betriebe von Stadtbahnen viel besser eignen als jenes, obwohl ihm auch noch verschiedene Mängel anhaften. Jedoch sind die Anlage- und Betriebskosten um so viel höher, dass man sich bei Neuanlagen immer wieder zu dem Betrieb mit Oberleitung entschliesst. Es sind ja auch verschiedene Bahnen mit unterirdischer Stromzuführung vorhanden, wie in Budapest, Berlin, Dresden und Brüssel, die schon seit Jahren mit ganz gutem Erfolge betrieben werden. Man kann aber ganz ruhig behaupten, dass das System nicht dasjenige ist, welches das Problem, wie am besten der Strassenverkehr in Städten zu bewältigen ist, zu lösen imstande sein wird.

Bahnen mit unterirdischer Stromzuführung wurden ausgeführt von Siemens & Halske in Berlin und Budapest, welche letztere Anlage bis heute die grösste nach diesem System ist, ferner von der Union-Gesellschaft in Berlin. Ausserdem liegen noch einige andere Systeme vor, welche bis heute noch nicht eingeführt und noch nicht genügend erprobt sind. Dieselben haben aber trotzdem die Aufmerksamkeit vieler Fachleute auf sich gezogen, aus welchem Grunde die Beschreibung der wichtigsten folgen soll:

I.
System Siemens & Halske.

Das von dieser Firma benutzte System der unterirdischen Stromzuführung für elektrische Strassenbahnen (Fig. 38) ist ein Schlitzkanal-System, bei dem der Kanal mit den Leitungen sich unter der einen Fahrschiene befindet. Die Spurrille der einen Schiene fällt mit der Öffnung des Kanals zusammen, sodass, wie beim gewöhnlichen Gleis, nur zwei Rillen die Strasse durchschneiden.

Diese Schiene liegt auf dem Scheitel des Kanals und besteht aus zwei gleichen Schienen besonderen Profils, die zwischen sich einen

Schlitz von 30 *mm* Breite frei lassen. Die äussere dieser beiden Schienen dient dem Rade als Laufschiene, die innere als Zwangschiene; der Schlitz nimmt den Spurkranz auf. Die Doppelschiene

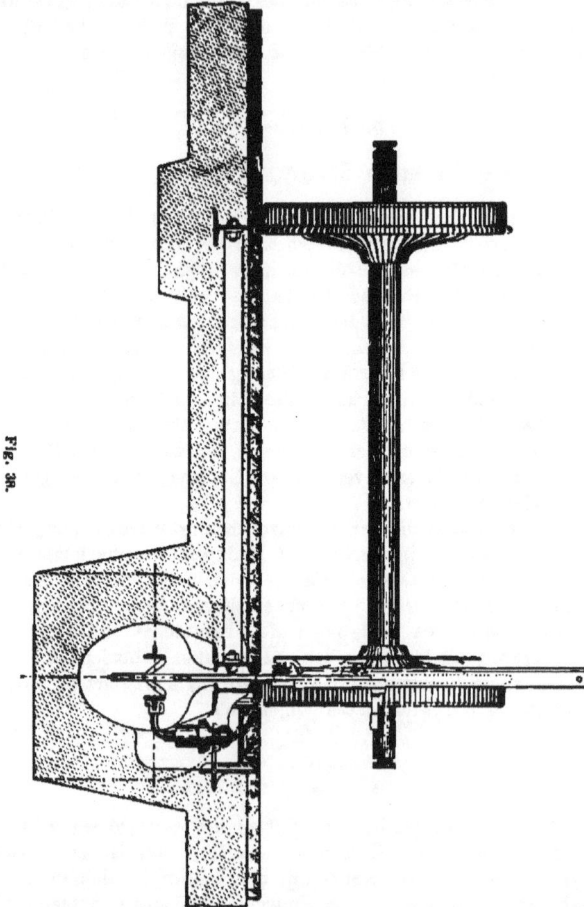

Fig. 38.

ruht in angemessenen Abständen auf gusseisernen Böcken, wodurch die erforderliche Nachgiebigkeit des Oberbaues und infolgedessen ein weiches Fahren bewirkt wird. Das durch den Schlitz eingetretene Tageswasser wird durch regelmässig angeordnete Anschlussschachte mit Schlammfang und Rückstauklappe in die städtische Kanalisation geleitet. Die ⊢-förmigen Stromleitungsschienen für die Hin- und Rückleitung des Stromes sind auf kräftigen Isolatoren längs den beiden Kanalwänden so angeordnet, dass sie von oben weder gesehen, noch berührt werden können. Dabei sind sie so hoch über der Kanalsohle angebracht, dass das sich etwa ansammelnde Tagewasser unter den Leitungen abziehen kann, ohne sie zu berühren. Die Isolatoren sind von oben durch gusseiserne Kasten leicht zugänglich.

. Die andere Fahrschiene des Gleises ist die gewöhnliche Rillenschiene, auf Beton- oder Kiesbettung in üblicher Weise gelagert.

Der Stromabnehmer besteht aus einer gut isolierten Platte, die an ihrem unteren Ende zwei drehbare Metallzungen trägt, während sie an ihrem oberen Ende durch besondere Ausschalter mit den Motorzuleitungen verbunden ist. Die beiden Metallzungen legen sich federnd gegen die Leitungsschienen im Kanal und stellen dadurch den elektrischen Stromschluss her; beim Herausnehmen des Stromabnehmers legen sie sich so zusammen, dass sie dessen Bewegung durch den Schlitz nicht hindern.

Die Verwendung zweier besonderen, von der Erde isolierten Stromleiter für Hin- und Rückleitung verhindert das Auftreten vagabundierender Ströme mit ihren Schäden, für die Schwachstromanlagen, sowie die Gas- und Wasserleitungsröhren. Die Herstellung der Kreuzungen und die Ausführung der Weichen ist eine sehr einfache. Die Länge der dabei entstehenden stromlosen Stücke der Leitungen ist bei den durch Patente geschützten Ausführungen auf 0,5 m herabgedrückt.

Das vorstehend beschriebene System ist auf den Linien der Budapester Strassenbahnen und auf der Strecke Behrenstrasse-Treptow in Berlin auf einer Gesamtlänge von 60 km Gleis in Anwendung gekommen.

II.

Das System der Union-Elektrizitätsgesellschaft in Berlin.

Dieses System kam auf kurzen Strecken in Berlin im Jahre 1896 und im Jahre 1897 in einer Gesamtlänge von 21 km einfach Gleis in Brüssel in Betrieb. Der Kanal dieses Systems setzt sich in der Hauptsache zusammen aus:

1. Den gusseisernen Kanaljochen,
2. den Kanalwänden,
3. dem Stampfbeton-Fundament,
4. den Lauf- und Zwangsschienen,
5. den Leitungsschienen,

6. den Hauptisolatoren,
7. den Zwischenisolatoren

und ist in den Fig. 39 und 40 dargestellt.

Die gusseisernen Joche stehen auf dem fortlaufenden Stampf-
beton-Fundamente von ca. 15 cm Stärke. Auf diesen Jochen sind die
zwischen sich den Kanal-
schlitz bildenden Schienen
mittels eiserner Klemmwinkel
befestigt. Der Kanalschlitz
hat eine Breite von 30 mm.
Zwischen die Klemmwinkel
und die Schienen wird zur
Regulierung der Schlitzweite
eine Anzahl dünner Eisen-
blättchen gelegt. Die Schienen selbst haben Spezial-
Vignolprofil. Die Länge der
Schienen beträgt 10 m. Die
Schienenstösse sind durch
die Flachlaschen und die
elektrischen Schienenverbin-
dungen verbunden und ruhen
jedesmal auf einem Joch.
Der Abstand der Kanaljoche
voneinander beträgt 1,25 m
von Mitte zu Mitte. Der Kanal
bildet durch die miteinander
fest verschraubten Joche und
Schienen ein vollkommen
starres Ganze, welches unter
jeder Bedingung den schwer-
sten Strassenlasten mit
Sicherheit Widerstand leistet.
Im Innern dieses Kanals,
und zwar seitlich vom Schlitz,
von diesem aus also unsicht-
bar, laufen die Kontakt-
schienen in Form eines auf-
rechtstehenden Doppel-T-
Eisens mit abgerundeter
Oberfläche von ca. 8 cm

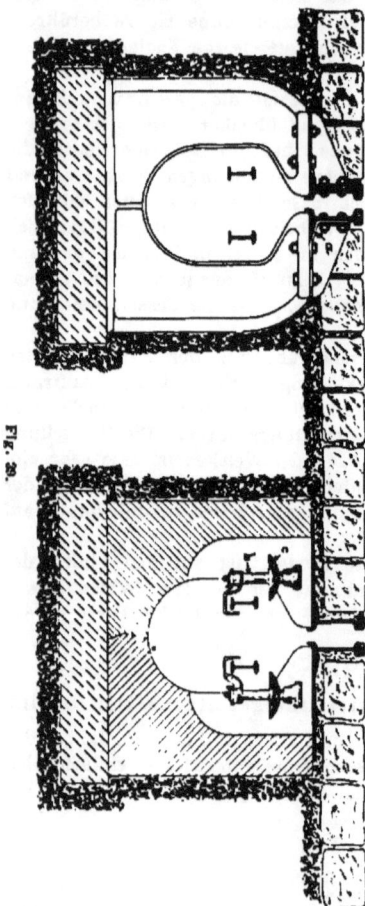

Höhe und 4 cm Breite. Dieselben sind, ebenso wie die Laufschienen,
10 m lang, an ihrem Ende am Fusse der Isolatoren befestigt und
miteinander durch Kupferstreifen elektrisch verbunden.

Fig. 39.

Die Isolatoren werden in der Mitte an horizontale Flacheisen angeschraubt, welche ihrerseits mit ihren Enden auf den beiden, dem Schienenstoss zunächst stehenden Kanaljochen aufliegen und

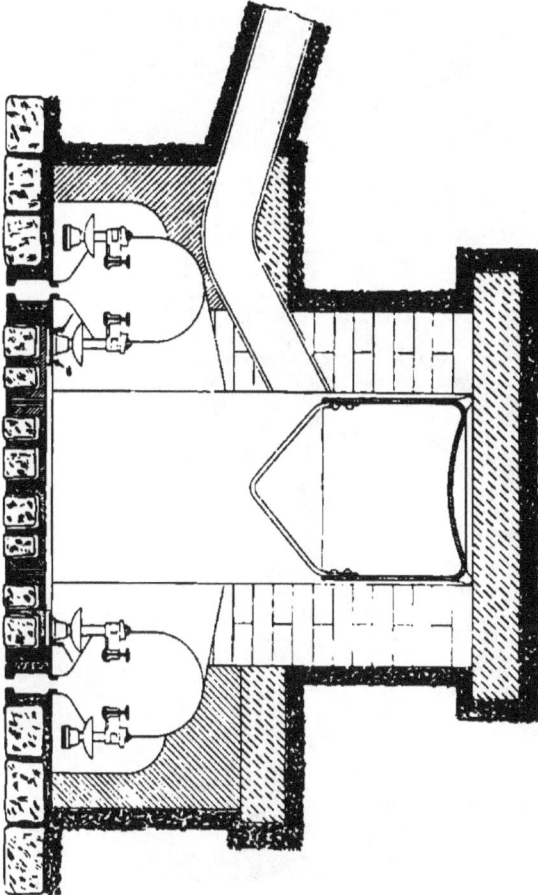

Fig. 40.

mit denselben verschraubt sind. Am unteren Ende des Isolations-bolzens ist mit demselben der Leitungsschienenhalter verschraubt, welcher seinerseits mit den Leitungsschienen durch Vorstreckteile derart verbunden ist, dass eine kleine Verschiebung in der Längs-

richtung bei Temperaturschwankungen möglich ist. Ausser diesen,
den sogenannten Hauptisolatoren, finden sich in der Mitte zwischen
zwei solchen die sogenannten Zwischenisolatoren, welche haupt-

Fig. 41.

sächlich die Aufgabe haben, die seitliche Ausbiegung der Leitungsschienen zu verhindern, und sich von den Hauptisolatoren hauptsächlich dadurch unterscheiden, dass die Leitungsschienenhalter nicht
mit der Leitungsschiene selbst fest verbunden sind, sondern die-

selbe nur klauenartig umfassen. Die Isolatoren bestehen aus mit Eisengummi umpressten Stahlbolzen, welche letztere durch diese Isolierhülle sowohl von den Kontaktschienen, als auch von den sie tragenden Flacheisen, und somit von allen Eisenteilen der Kanalkonstruktion vollständig isoliert sind. Zur Erhöhung der Isolierfähigkeit bei starken Regengüssen sind dieselben ausserdem in ihrem oberen Teil mit einer Regenkappe versehen. Da, wo die Isolatoren in den Kanal ragen, also an jedem Schienenstoss und in der Mitte jeder Schienenlänge, sind die Kanalwände etwas ausgebaut.

An den Schienenstössen sind die Kanalwände zwischen den beiden Kanälen jedoch ganz fortgelassen und die entstehende Öffnung ist zu einem viereckigen, von gemauerten Wänden umgebenen Schacht ausgebildet, auf welchem eine im Strassenniveau liegende abhebbare Abdeckung ruht.

Bei Doppelgleis liegen die Kanäle stets unter den beiden inneren Schienensträngen, so dass hier die Einsteigschächte für beide Gleise gemeinschaftlich sein können.

Die Entwässerung des Kanals geschieht dadurch, dass ca. alle 40 m auf horizontaler Bahn und in jedem Gefälle-Knickpunkte, bei welliger Bahn die Einsteigeschächte auf 1,5 m vertieft ausgebildet und durch ein knieförmig gebogenes Abflussrohr an Gullies, Revisionsbrunnen oder gemauerte Kanäle städtischer Kanalisation angeschlossen werden.

In Fig. 41 ist der Einbau dieses Kanals an der Lutherkirche in Berlin veranschaulicht.

III.

Das System des Hörder Bergwerks- und Hüttenvereins in Hörde i. W.

Hörde hat drei Typen des Systems konstruiert, die sich nur durch die verschiedenartige Anordnung des Kontaktschlitzes und durch die verschiedene Ausführung der Kanalverschlüsse unterscheiden.

Der Kanal dient zur Aufnahme des Stromleiters und Stromentnehmers und zur Abführung der eindringenden Tagwasser und Unreinigkeiten. Er ist oben 150 mm, an der breitesten Stelle 240 mm breit und hat, vom Strassenniveau aus gerechnet, eine Tiefe von 520 mm. Der wichtigste Teil ist der Kanalverschluss, welcher bei den Typen 1 und 2 sich von der Type 3 unterscheidet. Bei Type 1 und 2 ist der Verschluss durch kräftige Winkeleisen hergestellt, die wegen des Fuhrwerksverkehrs an ihrer oberen Fläche mit angewalzten Vorsprüngen versehen sind und mit ihrem nach unten ragenden Schenkel die eine Seite des Kontaktschlitzes bilden. Die die Kasten nach oben verschliessenden Deckel sind durch einen mittels Schlüssel drehbaren Riegel festzulegen, sodass sie nicht von unberufener Hand entfernt werden können (Fig. 42 und 43).

Fig. 42.

Für Type 3 (Fig. 44) ist der Kanalverschluss etwas anderer Art, da statt des Winkeleisens ein Profil in ⊔-Form in Anwendung ist. Der Zweck dieses Profils ist ein zweifacher: 1. werden die glatten, in Strassenrinnen liegenden Metallflächen vermieden; 2. fallen die Gusskasten vollkommen weg und werden durch im Pflaster unsichtbare Gusskonsolen ersetzt. Die unvermeidlichen Gusskasten-

deckel kommen bei dieser Anordnung in die Flucht der Kanalverschlüsse.

Der Kontaktschlitz besteht aus einer ca. 30 *mm* breiten, die
ganze Länge des Kanals durchlaufenden Öffnung und dient, was bereits

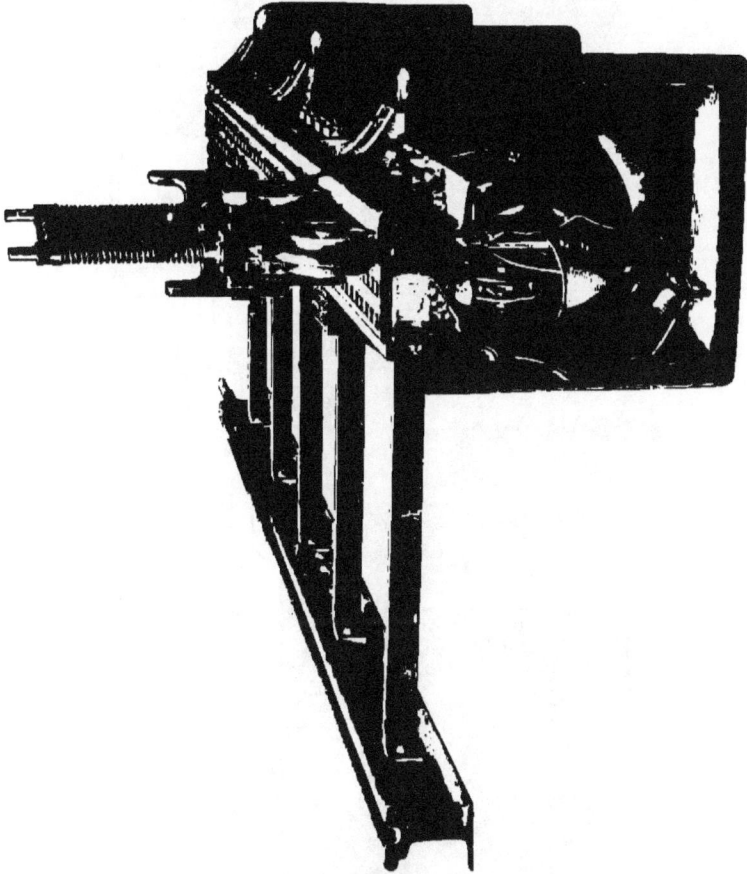

Fig. 43.

das Wort selbst sagt, zur freien Passage des Kontaktarmes. Auf
einer Seite wird der Kontaktschlitz von der Fahrschiene, auf der
anderen vom Kanalverschluss begrenzt. Bei Type 1 befindet sich
der Kontaktschlitz innerhalb des Gleises an Stelle der einen Spurrille,
während bei den Typen 2 und 3 er ausserhalb der Fahrschiene ist.

Fig. 41.

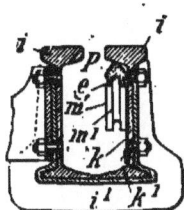

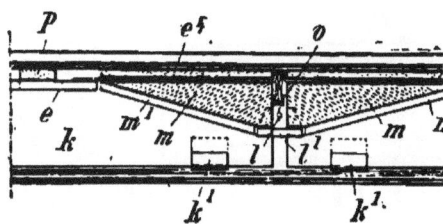

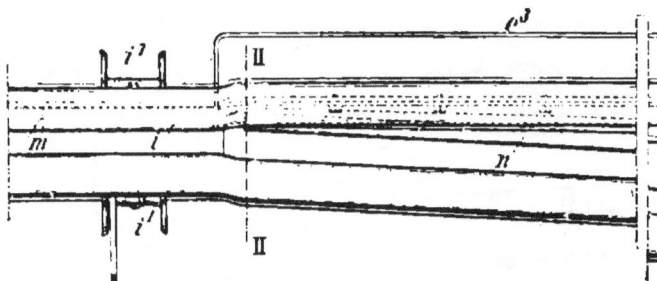

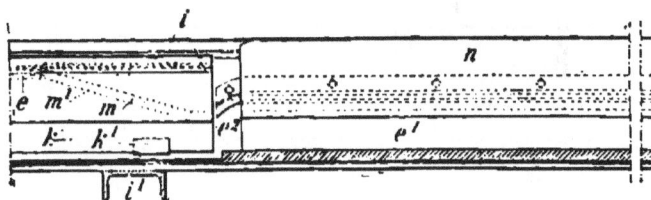

F

g. 46

Der Stromleiter und die Rückleitung. Da das System
»Hörde« einpolig ist, so besteht der Stromleiter, genau wie bei oberirdischer Zuführung, aus einem blanken Kupferdraht, während die Gleise
den Stromkreis schliessen. Der Stromleiter ist mittels Isolatoren am
Kanale so befestigt, dass man jederzeit und an jeder Stelle zur Vor-
nahme von Reparaturen an ihn gelangen kann. Ferner ist er derartig angebracht, dass er für den gewöhnlichen Strassenverkehr
ohne Gefahr ist, selbst dann noch, wenn der Draht an irgend einer
Stelle reisst. Letzteres ist bei diesem System durch die öftere
Unterstützung (in Entfernungen von 1,5 m) fast vollkommen ausgeschlossen.

Der Stromabnehmer. Hörde hat sich für seine Systeme zu
einer Stromabnehmerrolle entschlossen. Die Hauptteile sind: zwei
Rollen, das Isolierschiffchen, das Kontakthalterblech und die Führungs-
rollen. Der Strom wird durch die zwei unteren Rollen vom Stromleiter entnommen, durch die die Rollen tragenden Hebel auf einen
oder mehrere isolierte Leitungsdrähte übertragen und von diesen
dem Elektromotor zugeführt. Frost und starke Niederschläge,
Schnee u. s. w. haben bei »Hörde« auch nicht mehr Einfluss wie
bei anderen Systemen.

IV.

Das System des Ingenieur Eduard Lachmann in Hamburg.
D. R.-P. Nr. 91960.[1])

Das System ist dadurch gekennzeichnet, dass der Stromzuführungs-
kanal aus zwei parallel laufenden Schienen i oder durch neben dem
Gleise gelegte Schienen besteht. Der Raum zwischen den Köpfen
der beiden Schienen beträgt 30 mm. Die Verbindung der beiden
den Kanal bildenden Schienen miteinander geschieht durch Böcke i¹
in Fig. 45. Die Stromzuführung kann durch den 30 mm breiten
Schlitz, welcher als Rille für den Spurkranz der Hauptträder des
Wagens dient, nach Vollendung der Schienenverlegung in den Kanal
hineingebracht und darin so aufgehängt werden, dass eine schnelle
Entfernung und Ersatz durch neue Stücke ohne ein Aufnehmen des
Kanalsystems stattfinden kann. Die eigentliche Stromzuführung
besteht aus 2,5 m langen Blecheinsätzen k in Fig. 45, welche vermittelst eines Bolzens l in der Schiene gehalten werden. Die Ein-
satzbleche k sind an ihren Enden durch keilförmige Teile m, aus
Isoliermaterial bestehend, luftdicht verschlossen. Hierdurch werden
in dem oberen Teile der Einsatzbleche k, welcher zur Aufnahme des
Stromleiters e dient, Luftpolster hergestellt, welche verhindern, dass

¹) Mitteilungen des Vereins für Förderung des Lokal- und Strassenbahnwesens in Wien 1896, Nr. 4.

das eintretende Strassenwasser an den elektrischen Stromleiter herantreten kann. Wenn man ein Wasserglas umdreht und es mit der offenen Seite nach unten in eine Waschschüssel taucht, so bleibt der innere Boden wasserfrei; ebenso bleibt das Einsatzblech k, in das Strassenwasser getaucht, bei der Stelle e, wo der elektrische Leiter sich befindet, wasserfrei. Demnach kann sich der ganze Kanal und die Strasse mit Wasser füllen, der Stromleiter e befindet sich dann doch noch immer in einem Luftraume.

Die Keilform oder abgerundete Form ist gewählt, um einen stosslosen Übergang von einer Luftabteilung zu einer anderen zu ermöglichen. In den aus Isoliermaterial hergestellten halben Keilen befinden sich nach unten zu Rinnen, um die Stromabnehmerarme r zu führen. Der Übergang von einem Keil zum nächsten wird durch rinnenförmige Bleche vermittelt, so dass die Greiferarme zwangsweise in diesen Rinnen laufen müssen. Da drei Greiferarme zur Anwendung kommen, so kann in den in Fig. 45 angegebenen Weichen eine vollkommene Unterbrechung der Hauptstromleitung stattfinden. Die Endkeile m an den Enden der Einsatzbleche sind in ihrem oberen Teile durchbohrt; durch diese Bohrung geht luftdicht ein isolierter Kupferdraht e⁴, welcher dazu dient, den Hauptstromzuleiter e des anderen Bleches zu verbinden. Diese Verbindung geschieht mittels einer isolierenden Kapsel o ausserhalb des Kanals und werden die Drahtenden, nachdem die Verbindung geschehen ist, in den Kanal hineingedrückt. Darauf geschieht die Befestigung der in Fig. 46 angegebenen Bleche am Bolzen l mittels des dazu gehörigen Splintes und die fortlaufende Stromzuführung ist hergestellt. Die zur Stromabnahme erforderlichen Greifer sind leicht beweglich und federnd. Ein Rückwärtsfahren, soweit wie es auf der Strasse nötig ist, ist möglich und wird ein Umlegen an der Greiferrichtung erst an den Endstationen erforderlich.

Zur gründlichen Reinigung des Kanals soll an einzelnen Wagen ein Reinigungsapparat mitgeführt werden. Eine weitere Reinigungsvorrichtung wird durch das Pflugeisen an dem Greiferwagen gebildet. Alle Gegenstände werden auf der Kanalsohle längs geschoben, um ca. alle 300 m in Reinigungskästen R zu fallen. In den Kästen R sind die Schienfüsse ausgespart, sodass sich der Kanal von selbst nach unten entleert. Bei Fig. 46 befindet sich der Kontaktknopf, welcher den Greiferarm r mit der Stromzuleitung zum Motor verbindet. Derselbe ist so eingerichtet, dass, falls die Stromaufnahmebürsten die Stromzuleitung nicht mehr berühren und wie beim letzten Greifer rechts bei Umgehung des Keiles eine tiefere Stellung einnehmen, eine Ausschaltung eintritt und ein Rücktritt des Stromes

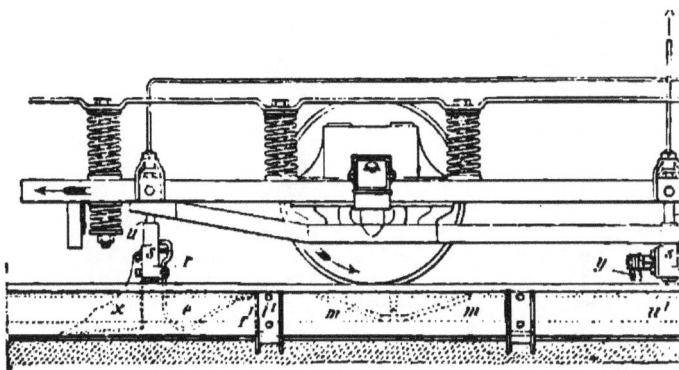

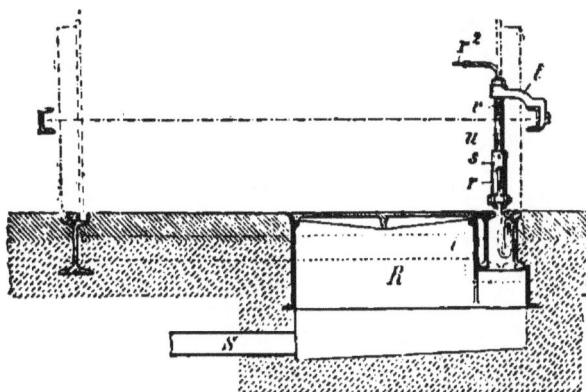

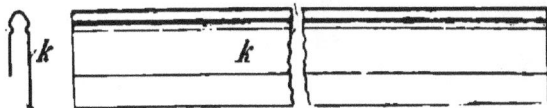

Fig.

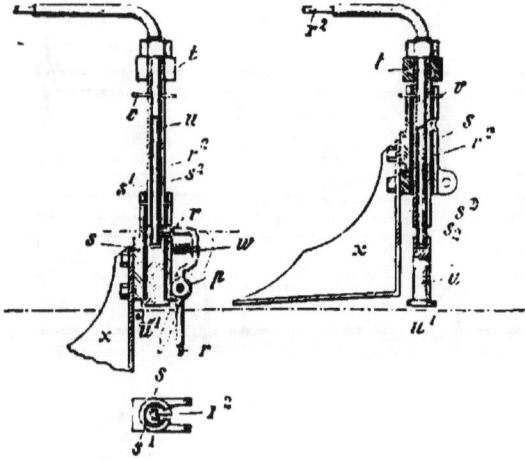

unmöglich wird. Die Greiferarme sind vom Kontaktknopf bis zur Bürste isoliert. Die Bürsten sind auswechselbar.

Fig. 47 zeigt das Lachmann'sche System mit grösserem Kanal.

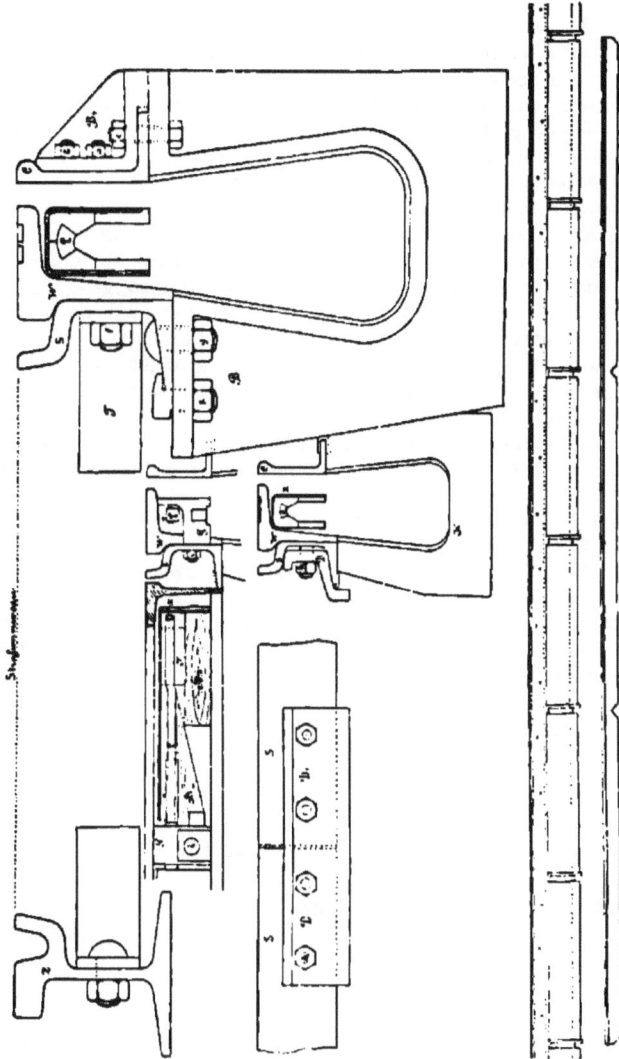

Fig. 47.

V.

La Burt'sche unterirdische Stromzuführung.[1])

John la Burt bewerkstelligte die Anpassung der unterirdischen
Leitung für elektrische Stromzuführung in folgender Weise:
Längs der einen Schiene ist an der hölzernen Unterlage auf der
Innenseite ein Kabel verlegt, welches in Abständen ungefähr von
der Wagenlänge blossgelegt und an diesen Stellen von becherförmigen
Gefässen (152×102 mm) luftdicht eingeschlossen ist. Innerhalb
der Gefässe sind metallische Anschlüsse, die durch die Gefässe heraus-
ragen. Jedes Gefäss ist wieder von einem 400×400 mm grossen,
mit Deckel versehenen Schaltkasten eingeschlossen (siehe Fig. 48),
welcher in passender Weise trocken gehalten wird. Innerhalb des
Schaltkastens ist an der Schiene ein Winkelhebel so gelagert, dass
der Stift am unteren Arme gerade auf den metallischen Anschluss
des erwähnten Bechers treffen kann. Der obere Arm geht durch
ein Loch der Schiene hindurch und hat genügenden Spielraum.
Längs der Schiene aussen ist unterhalb ihres Kopfes eine Leitungs-
stange, welche in einzelne Strecken zerlegt ist. Die Enden dieser
Strecken werden von den Hebeln der verschiedenen Schaltkasten, so
getragen, dass die Strecken voneinander durch Isolierungen getrennt
sind. Unter diese Leitung greifen zwei Rollen, die an der vom
Wagen herabgehenden gabelförmigen Kontaktstange gelagert sind.
Diese Rollen heben nun die betreffende Strecke der Leitung so weit,
dass der Winkelhebel in dem einen oder anderen benachbarten
Schaltkasten den Kontakt am Kabel berührt. Dadurch wird die
Verbindung zwischen der Leitungsstrecke und dem Kabel hergestellt
und der Strom den Wagenmotoren zugeführt. Fährt der Wagen
über die folgende Leitungsstrecke, so sinkt die erste Strecke wieder
herab und der Winkelhebel tritt ausser Berührung mit dem Kontakte.
Infolgedessen ist die Verbindung dieser Strecke mit dem Kabel
unterbrochen, sodass die Strecke stromlos wird. Die Schiene ist
aussen von einer zweiten ähnlichen Schiene so bedeckt, dass ein
schmaler, tiefer Kanal entsteht und nur oben ein enger Schlitz für
die Kontaktstange des Wagens verbleibt. Zur Reinhaltung des
Kanals ist in der Gabel der Kontaktstange eine Bürste. Der Kanal
ist an dem Schaltkasten zugänglich, um erforderliche Reparaturen
vornehmen zu können. Die Herstellungskosten eines Kanals werden
vom Erfinder auf 26—39000 Mark pro Kilometer in Amerika an-
gegeben.

---

[1]) Uhland's Verkehrs-Zeitung 1896, Nr. 5.

Fig. 48.

VI.

System Schuckert.

Die Elektrizitäts-Aktiengesellschaft, vorm. Schuckert & Cie. in Nürnberg, hatte im Jahre 1896 in ihrem Fabrikhofe mit dem ihrem Ingenieur Benack patentierten System Probeversuche angestellt, und eine solche Probestrecke Ende desselben Jahres in München angelegt. Die Installation dieser Versuchsstrecke in der Goethe-strasse in München erfolgte in der Zeit vom 15. Dezember 1896 bis 19. Februar 1897 und hatte eine Länge von 468 m.

Dieses vielversprechende System hatte die Aufmerksamkeit aller Fachleute auf sich gezogen, und wurden die Versuche mit allseitigem Interesse verfolgt. Am 14. März trat ein heftiger Schneesturm ein, was natürlich sehr ungünstig war, jedoch, da auch solches Wetter in das Bereich der Versuche gezogen werden musste, wurden die-selben fortgesetzt, und dabei ereignete sich am 15. März 1897, vor-mittags 11 Uhr, ein Unfall, indem ein Pferd eines Fuhrwerkes au einen unter Spannung gebliebenen Kontaktknopf trat, zu Boden fie und das nebenstehende Pferd mitriss, das auch kurze Zeit darau verendete. Nicht das vom Strom getroffene Pferd, sondern das Nebenpferd ging zu Grunde, indem es bei dem Sturz einen Bruch der Wirbelsäule erlitt. Da sofort nach dem Vorfall die Strecke stromlos gemacht worden, konnte die Ursache des Fehlers nicht mehr festgestellt werden.

Obwohl die Tagespresse diesen Vorfall sofort aufgriff und sich verwerfend über das System ausliess, so stimmten diesem Urteile doch nicht alle Fachleute bei, denn dieser Unglücksfall konnte nicht dazu dienen, ein Urteil über die Brauchbarkeit und Verlässigkeit des Systems zu geben, da diese Versuchsstrecke nicht als fertig zu betrachten war.

Die Versuche wurden nach dem Vorfall behördlicherseits ein-gestellt, jedoch in Nürnberg fortgesetzt, und nachdem das System noch weiter verbessert worden war, wurde vom Magistrat der Stadt München in diesem Jahre die Genehmigung erteilt, die Versuche fortsetzen zu dürfen, und wurde hiermit am 5. Oktober 1898, abends 11 Uhr, begonnen.

Bei diesem System tritt an die Stelle des offenen Schlitzkanals mit einer durchgehenden, auf Isolatoren verlegten Plankenleitung ein unterirdisch im Erdboden verlegtes Kabel mit einer in viele kurze Abschnitte geteilten Betriebsstromleitung. Diese Abschnitte sind voneinander isoliert und befinden sich nicht dauernd unter Strom, sondern sie werden vom kommenden Wagen selbst unter Strom ge-fasst und beim Verlassen wieder ausgeschaltet. Bei dem neuen

nun verbesserten System ist die Sicherheit des übrigen Strassen-
verkehrs noch erhöht, indem folgende Anordnungen getroffen wurden,
wodurch ein Kontaktknopf, noch ehe ihn der Wagen verlassen hat,
stromlos gemacht wird. Am Motorwagen ist ausser dem Kontakt-
schlitten, der über die Knöpfe im Gleise schleift und zur Stromabnahme dient, gleich hinter diesem noch ein zweiter, kürzerer
Schlitten angebracht, der ebenfalls über diese Knöpfe schleift und
sie gewissermassen prüft, ob sie noch unter Strom sind. Tritt
dieser Fall ein, so wird durch die Berührung des kurzen Schlittens
mit dem betreffenden Knopf eine stromleitende Verbindung geschaffen,
wodurch ein automatischer Ausschalter in Funktion tritt, der die
betreffende Strecke, auf welcher der Wagen gerade steht, stromlos
macht.

Ausser dem erwähnten Schlitten sind an jedem Wagen in kurzen
Abständen hintereinander noch zwei Sicherheitsvorrichtungen angebracht, nämlich ein Schleifnetz und eine Metallbürste. Die beiden
letztgenannten würden, falls die erste Sicherheitsvorrichtung nicht
in Funktion tritt, diese ersetzen und somit diesen automatischen
Streckenausschalter auslösen, wodurch dann ebenfalls die Strecke
stromlos gemacht wird.

Bemerkenswert ist, dass bei Einführung dieses Systems die
Motorwagen eines besonderen Umbaues nicht bedürfen, da die elek-
trische Einrichtung an jedem bestehenden Motorwagen ohne grosse
Kosten angebracht werden kann.

Die Experten haben in dem dem Magistrat unterbreiteten Gutachten sich anerkennend über die Verbesserungen ausgesprochen,
insbesondere, dass bei dem jetzigen System ein grosser Grad der
Sicherheit erreicht sei. Es wurde sogar dort darauf hingewiesen,
dass es dieselbe Sicherheit biete, wie das System mit oberirdischer
Stromzuführung. Wenn auch die Anlage- und Unterhaltungskosten
sich höher stellen, als wie bei oberirdischer Stromzuführung, so
sollen sie doch bedeutend niedriger sein, als beim Schlitzsystem und
Akkumulatorenbetrieb.

VII.

System Rast.

Dieses System, mit welchem sich seit geraumer Zeit die Union
in Berlin befasst, ist ein Patent des Ingenieur Aug. Rast in Nürnberg.

Die bekannten Schaltungssysteme für elektrische Bahnen mit
unterirdischer Stromzuführung und Teilleiterbetrieb sind in der Regel
derart beschaffen, dass zu einem jeden Teilleiter eine besondere
elektromagnetische Vorrichtung gehört, welche in einem geschlossenen,
unterhalb der Fahrstrecke befindlichen Gehäuse angebracht ist. Diese

Vorrichtungen beruhen in der Mehrzahl auf dem Prinzip, dass ein zwischen zwei Elektromagneten spielender Anker bei der Fortbewegung des Motorwagens bald von dem einen, bald von dem anderen Elektromagneten angezogen wird und hierdurch den mit dem betreffenden Teilleiter in Verbindung stehenden Kontakt bald schliesst und bald wieder unterbricht. Es hat sich gezeigt, dass diese Vorrichtung nicht unter allen Umständen in der erwünschten Weise funktionierte, indem, wenn der Anker infolge Erregung des einen Magneten von letzterem angezogen ist und hierdurch den Kontakt geschlossen hat, es vorkam, dass der andere Magnet bei später erfolgten Erregung nicht imstande war, den Anker von dem Kontakt zurückzuziehen, weil der erste Magnet infolge irgend einer Zufälligkeit noch erregt war und aus diesem Grunde den Anker zurückhielt. Der betreffende Teilleiter blieb hierdurch unter Strom, was bereits zu Unglücksfällen und Störungen Veranlassung gegeben hat.

Alle diese Vorgänge will Rast durch sein System beheben, indem er eine Schaltung zur Anwendung bringt, bei welcher die Erregung des zweiten Magneten notwendigerweise eine Stromunterbrechung des ersten Magneten zur Folge hat. Dies wird dadurch erreicht, dass in der zum zweiten Magneten führenden Leitung gleichzeitig die Wirkung eines dritten, kleineren Magneten eingeschaltet ist, welcher einen in der Zweigleitung des ersten Elektromagneten liegenden Stromunterbrecher bethätigt. Bei der gleichzeitigen Erregung des zweiten und dritten wird daher der zum ersten Elektromagneten führende Zweigstrom unterbrochen, sodass der Anker nunmehr durch den zweiten Magneten ohne Widerstand von dem zum Teilleiter führendem Kontakte zurückgezogen werden kann.

Bei diesem System soll die Möglichkeit ausgeschlossen sein, dass ein von der Stromschiene nicht mehr berührter Teilleiter noch unter Strom steht. Zur vollständigen Sicherheit aber kann man noch am hinteren Ende des Wagens einen herabhängenden Hilfskontakt an-bringen, welcher auf dem Teilleiter schleift und eine im Wagen befindliche Glocke erregt, sobald einer der Teilleiter noch unter Strom stehen sollte.

Dieses System ist bis heute noch nirgends zur Einführung gelangt und ist es auch noch nicht soweit erprobt, als dass man sich ein Urteil darüber erlauben könnte.

Es ist heute eine Menge derartiger Systeme bekannt, welche jedoch noch nicht in Anwendung gekommen sind und welcher an dieser Stelle nur Erwähnung gethan werden soll:

System Claret et Vuilleumier (Schweizerische Bauzeitung 1895, Bd. 25, S. 158).

System Cirla (Zeitschrift für Transportwesen und Strassenbau 1897, Nr. 15, S. 243).

System Grunow (Zeitschrift des Vereins für die Förderung des Lokal- und Strassenbahnwesens in Wien 1897, S. 307).

System Linn (dieselbe Zeitschrift 1897, S. 306, 307).

Ferner siehe:

Zeitschrift für Transportwesen und Strassenbau 1897, S. 246; Elektrotechnischer Anzeiger 1898, Nr. 1, 30, 31, 42, 43, 47, 51, 60, 61 und 67.

6. Kapitel.

Der Akkumulatorenbetrieb.

Dieses Betriebssystem,[1] welches bislang noch wenig angewandt wurde, vieler ihm anhaftender Mängel wegen, scheint indessen jetzt sich immer mehr Eingang zu verschaffen, nachdem diese Mängel nicht nur grössten Teils behoben sind, sondern man sogar noch bestrebt ist, dieses System immer mehr und mehr zu verbessern. Ein nicht zu unterschätzender Vorzug ist der, dass jeder Wagen seine eigene Betriebskraft mit sich führt, also vollständig unabhängig ist, und eintretenden Falls einer Störung, nicht das ganze Bahnnetz, sondern nur ein einzelner Wagen darunter leidet. Ferner ist er völlig unabhängig von der Kraftcentrale, und vorkommende Strassen- oder Kanalisationsarbeiten sind leicht zu umgehen, was bei unterirdischer Stromzuführung völlig unmöglich ist. Und endlich wird das Strassenbild in keiner Weise beeinträchtigt. Der Oberbau ist bei genügender Stärke, ohne Änderung daran vornehmen zu müssen, zu gebrauchen.

Dies sind im allgemeinen die Vorteile des Akkumulatorenbetriebes desjenigen Systems, das einst berufen sein wird, die Frage, wie wir unsere Strassenbahnen betreiben sollen, zu einer idealen Lösung zu bringen. Warum dieses System bis heute noch wenig in Anwendung kam, ist verschiedenen Umständen zuzuschreiben, die jedoch heute fast völlig beseitigt sind. So wurde hingewiesen auf das hohe Eigengewicht der Akkumulatoren und deren rasche Abnutzung, auf den Zeitverlust, den das Laden der Batterien verursachte, und vor allem auf die hohen Anlage- und Betriebskosten des ganzen Systems.

---

[1] Die ersten Versuche, Bahnen mit Akkumulatoren zu betreiben, wurden angestellt von C. A. Faure im Jahre 1881, in Deutschland im Jahre 1885 von G. A. Blewe in Berlin und von Huber in Hamburg.

Dies waren die Mängel des Akkumulatorenbetriebes, trotzdem
jedoch nicht behauptet werden soll, dass das System vollständig
fehlerfrei ist. Vor allem muss man zugeben, dass es nicht das
billigste System ist, sowohl in Bezug auf den Betrieb als auf die
Anlage, und dies war ein Hauptgrund, der die Schaffung einer
Anlage mit Akkumulatorenbetrieb meistens scheitern liess.

Die Erhöhung der Betriebs- und Anlagekosten war jedoch eine
Folge der dem System anhaftenden Nachteile und stellen sich jetzt
die Kosten, nachdem jene fast beseitigt sind, bedeutend günstiger als
früher. Dass der Akkumulatorenbetrieb immer mehr Beachtung
findet, ist unstreitig ein Verdienst der Akkumulatoren-Fabrik Hagen
in Westfalen, welche seit einigen Jahren ununterbrochen Versuche
anstellte und auch ganz befriedigende Resultate erzielt hat. Die
Gesellschaft berichtet darüber folgendes:

»Vor ungefähr drei Jahren wurden lange und eingehende Versuche auf der Hagener Strassenbahn mit Akkumulatoren eines
amerikanischen Erfinders gemacht, welche statt mit Blei-, mit
Kupfer- und Zinkplatten arbeiteten. Dieselben zeigten sich jedoch
den grossen Anforderungen der Praxis trotz des Vorzuges der
Leichtigkeit und grosser Kapazität nicht gewachsen. Es wurde
daher auf Grund vieler bei diesen Versuchen gemachten Erfahrungen
eine Umgestaltung des bisherigen Akkumulators vorgenommen. Zu
diesem Zwecke wurde vor allem die Auftragung von sogenannter
aktiver Masse auf die positiven Platten vermieden, die erfahrungs-
gemäss durch den Betrieb der Batterie schnell herausgespült wird
und durch die Erschütterung leicht herausbröckelt. Diese Platten
werden nunmehr mit fast doppelt so grosser Oberfläche als die
frühere Tudor-Platte hergestellt, und wird diese Oberfläche auf elek-
trolytischem Wege mit einer ganz fest haftenden Schicht von Blei-
superoxyd überzogen.«

Durch die Schaffung eines solchen Akkumulators gelang es der
Akkumulatoren-Gesellschaft Hagen i. W. alle vorher erwähnten Mängel
zu beseitigen und somit den Akkumulator zum Betriebe von Bahnen
als geeignet zu schaffen.

Der Akkumulatorenbetrieb kommt auf zwei Arten in Anwendung,
und zwar unterscheiden wir das reine und das gemischte Akkumulatorensystem.

Das reine Akkumulatorensystem.

Bei diesem System dient der Akkumulator ausschliesslich als
Kraftquelle für den Wagen. Jeder Wagen führt eine Anzahl von
Akkumulatorenzellen mit sich, die ihm den zu seiner Fortbewegung
erforderlichen Strom liefern. Die Batterie wird vor Beginn der

Hagen, Akkumulatorenbetrieb.

Fahrt auf der Kraftstation geladen. Da diese Ladung jedoch für
den täglichen Betrieb nicht ausreicht und man nicht am Ende jeder
Strecke eine Kraftstation errichten kann, so kommen an diesen
Punkten sogenannte Ladeständer zur Aufstellung, denen der zum
Nachladen nötige Strom entnommen wird.

Das gemischte System.

Dieses System, u. a. in Hannover, Dresden, Berlin in Anwendung,
ist eine Kombination von Akkumulatorensystem und Oberleitungs-
system, und sind die Resultate sehr günstig, welche bei solchem
Betriebe erzielt wurden. Im Innern der Stadt, wo Oberleitung aus
ästhetischen und schon erwähnten Gründen nicht erwünscht ist,
wird Akkumulatorenbetrieb angewandt, und ausserhalb der Stadt oder
in entlegenen Stadtvierteln wird dann Oberleitung benutzt.

Nachdem nun der Wagen, die Stadt durchfahrend, einen
grossen Teil der ihm zur Verfügung stehenden Kraft aufgezehrt hat,
wird der Stromabnehmer an die Leitung angelegt und er erhält die
zu seiner Fortbewegung nötige Kraft von der Oberleitung, während
aber auch gleichzeitig der Akkumulator von neuem geladen wird.

Wenn nun auch dem Akkumulatorensystem noch einige kleine
Mängel anhaften, so muss doch zugegeben werden, dass kein Betrieb
in jeder Hinsicht geeigneter sein dürfte, als ideale Lösung des
Strassenbahnbetriebes angesehen zu werden, als der mit Akkumulatoren, und ist es besonders das gemischte System, welches
unsere Beachtung verdient. Dieses System, welches in Hannover
bereits seit einigen Jahren in Anwendung ist, hat dort wie in anderen
Städten vollauf die Erwartungen bestätigt, welche man an das
System stellte.

Das Polizeipräsidium der Stadt Hannover richtete an die Direktion
der dortigen Strassenbahn ein Gutachten, dem folgende Stelle entnommen sei: »Der Direktion erwidere ich auf das gefällige Schreiben
vom 14. d. M. ergebenst, dass sich der seit dem 10. September
1895 eingeführte Akkumulatorenbetrieb hierselbst ausserordentlich
gut bewährt hat und dass in Sonderheit Betriebsstörungen nicht
vorgekommen sind. Nicht nur polizeilicherseits, sondern auch seitens
des Publikums wird dem Akkumulatorenbetrieb entschieden der Vorzug
vor dem Betrieb mit elektrischer Oberleitung gegeben.«

Und die Strassenbahngesellschaft Hannover selbst schreibt in
ihrem Geschäftsberichte vom 25. März 1897 u. a.:

»Der Akkumulatorenbetrieb zeigt im Jahre 1896 ein in jeder
Beziehung erfreuliches Bild . . . . Die Erfahrungen aber,
welche inzwischen bei dem Akkumulatorenbetriebe gemacht wurden,

genügen, um einerseits die Vorzüge des letzteren genügend zu
würdigen, andererseits die demselben noch anhaftenden kleinen
Fehler zu erkennen und zu beseitigen.«
Auch andere Firmen haben sich mit der Lösung des Problems
beschäftigt, und zwar u. a. hauptsächlich:
Die Akkumulatoren-Werke Pollak in Frankfurt a. M., Wüste &
Rupprecht in Baden b. Wien, die Gülcher-Akkumulatoren-Fabrik in
Berlin und die Austria-Akkumulatoren-Werke (Patent Engel) in Wien.

1. Elektrische Bahn der Akkumulatoren-Werke, System Pollak in Frankfurt a. M.[1])

Die geräumigen, mit allen modernen Einrichtungen ausgestatteten
und mit elektrischer Beleuchtung versehenen Wagen dieser Bahn
(Frankfurt: Hauptbahnhof—Gallus-Warthe) sind für 18 Sitz- und
16 Stehplätze gebaut und zeichnen sich durch grosse und be-
queme Plattformen aus; sie sind mit doppelter Federung versehen und laufen daher sanft und ruhig. Die elektrische Einrichtung der Wagen besteht aus der Akkumulatorenbatterie, einem
Elektromotor, zwei Anlassern und den nötigen Verbindungsleitern.
Die Akkumulatoren bilden die Kraftquelle für den Motor und sind
unter den Sitzen untergebracht. Die einzelnen Akkumulatoren sind
in Hartgummizellen in einer solchen Weise eingebaut, dass sie alle
bei normalen Betriebe vorkommenden Erschütterungen und Stösse
ohne Schaden aushalten können, und dass selbst bei den grössten
Schwankungen des Wagens ein Herausspritzen der Säure nicht
möglich ist. Zum Zwecke einer bequemen Handhabung sind immer
mehrere Hartgummikasten in grössere, auf eisernen Schienen
herausziehbar angebrachte Holzkästen fest eingesetzt. Die eisernen
Gleitschienen ruhen auf passenden Gummiunterlagen, die alle Erschütterungen aufnehmen und die Isolation von der Erde vervoll-
ständigen. Von aussen sind die Akkumulatoren durch Seitenklappen
bequem zugänglich, nach innen dagegen ist der Batterieraum für
gewöhnlich dicht verschlossen, so dass die Fahrgäste von der Einrichtung der Akkumulatoren weder etwas bemerken, noch dadurch
auf irgend eine Weise belästigt werden können. Zur Revision der
Zellen sind jedoch die Sitze abnehmbar gemacht. Die in diesem
Falle gewählte Spannung der Batterien von nur 150 Volt ist so
niedrig, dass eine Gefährdung bei ihrer Bedienung unter allen Umständen ausgeschlossen ist.

---

[1]) Mitteilungen des Vereins für die Förderung des Lokal- und Strassenbahnwesens, Wien 1896, S. 457.

Von den Akkumulatoren wird ein 15 pferdiger, im Untergestelle des Wagens angebrachter Motor gespeist, der mittels einer Zahnradübersetzung die Räder des Wagens antreibt. Zum Anlassen und Regulieren des Motors dient der Anlasser, der in diesem Falle nur mit einer Kurbel ausgestattet ist und besondere Einrichtungen für einen sparsamen Stromverbrauch besitzt. Die am Anlasser befindliche Kurbel dient bei Linksdrehung zum Ingangsetzen des Wagens und zum Regulieren der Geschwindigkeit, bei Rechtsdrehung dagegen zum Bremsen des Wagens. Am Griff dieser Kurbel ist eine Signalglocke angebracht; ein zweiter bequem zu handhabender Umschalter ermöglicht die Wahl der Fahrrichtung, sowie das Fahren mit halber und voller Kraft, ausserdem noch im Notfalle die Anwendung einer äusserst wirksamen elektrischen Bremsung. Zur Beleuchtung des Wagens dienen je vier elektrische Glühlampen, von denen die vorn befindliche als Signallaterne und zur Beleuchtung der Strecke dient. Die Wagen weisen ferner noch eine bemerkenswerte Neuerung zum Nachladen der Sammelbatterien auf. Auf dem Wagendache befinden sich zwei isoliert angebrachte Kupferschienen, die mit den Akkumulatoren im Wagen in Verbindung stehen. Am Endpunkte der Strecke ist ein eiserner Mast, mit einem Ausleger versehen, aufgestellt, an dessen Ende zwei Kontaktbürsten frei hängend angebracht sind. Sobald der Wagen unter den Lademast fährt, legen sich die Kontaktbürsten auf die Schienen und dadurch werden die Akkumulatoren mit der auf der Ladestation befindlichen Dynamomaschine in Verbindung gebracht. Mittels dieser Einrichtung können die Wagenbatterien nach Bedarf nachgeladen werden und entsprechen dann, selbst bei ungünstigen Verhältnissen und starker Beanspruchung, allen Anforderungen, obgleich das Gewicht der Batterien von zwei Tonnen ein mässiges ist. Das Einschalten der Batterien in den Stromkreis zum Nachladen erfolgt selbstthätig. Da die Ladespannung beim Nachladen der Batterien eine höhere ist, so würden die Glühlampen im Wagen durch das Laden leicht beschädigt werden können. Zur Vermeidung dieses Übelstandes ist in jedem Wagen ein elektrischer Automat angebracht, der beim Laden der Batterien einen entsprechenden Widerstand vor die Glühlampen einschaltet. Der elektrische Strom zum Laden der Akkumulatoren wird dem Elektrizitätswerk entnommen und so wird auch dieser Teil der Anlage zu interessanten Ergebnissen in Bezug auf Wirkungsgrad und Verhalten der Wechselstrom-Gleichstrom-Umformer für derartige Zwecke führen. Der Strom der Centrale wird in einen Wechselstrommotor geleitet, der mit einer Gleichstrom-Dynamomaschine unmittelbar gekuppelt ist. Der von dieser Dynamo erzeugte Gleichstrom wird von einem Hauptschaltbrett aus zu den einzelnen Verbrauchsstellen geführt und kann am Schaltbrett in einfacher Weise gemessen und reguliert werden. Ein unterirdisches Kabel verbindet die Ladestation mit dem bereits erwähnten Lademast, an dem die Wagenbatterien im Betriebe nachgeladen werden. Alle Stromkreise sind durch bewährte Sicherungen in ausreichender Weise gegen Überlastung geschützt.

In der Wagenhalle sind alle zur Instandhaltung der Wagen erforderlichen Einrichtungen vorhanden, die in einfacher und praktischer Weise zum bequemen Herausschieben der einzelnen Akkumulatorenkästen benutzt werden.

2. Strassenbahn mit Akkumulatorenbetrieb nach System Engl.

Bei diesem System werden die Akkumulatoren auf dem Dache des Wagens untergebracht. In der Ladestation befindet sich in der Höhe des Wagendaches eine Schiebebühne, welche einen leichten und sicheren Transport der Batterien ermöglicht. Die Auswechslung der Batterien soll nur ganz kurze Zeit, kaum eine halbe Minute, in Anspruch nehmen. Seitwärts der Schiebebühne werden die Ladegestelle mit den Instrumenten und Widerständen, unterhalb derselben die Maschinen aufgestellt. Dieses System ist nur für gemischten Akkumulatorenbetrieb bestimmt.

7. Kapitel.

Vagabundierende Ströme und Einwirkung des Starkstromes auf Schwachstrom-Anlagen.

Bei Anlage einer elektrischen Strassenbahn mit oberirdischer Zuleitung hat man noch mit einem Faktor zu rechnen, nämlich mit der Einwirkung des elektrischen Stromes auf die Telephon- und Telegraphendrähte, sowie auf die in die Erde verlegten Gas- und Wasserleitungsröhren. In Amerika kam es häufig vor, dass die Gas- und Wasserleitungsröhren stark beschädigt wurden, was darauf zurückzuführen ist, dass bei Benutzung der Schienen als Rückleitung an den einzelnen Schienenstössen keine gute und sichere Verbindung hergestellt wurde. An diesen Stellen trat dem Strom nun grösserer Widerstand entgegen, und der Strom suchte bessere Leiter auf, die er in den zu den Schienen parallel liegenden Gas- und Wasserleitungsröhren fand. Bei diesen, welche meistens in feuchter Erde liegen, fand eine Zersetzung des Wassers in Wasserstoff und Sauerstoff statt, und letzterer war dann die Ursache der schädlichen Einwirkung auf die Rohre.

Ein anderer Übelstand machte sich den Telephon- und Telegraphendrähten gegenüber bemerkbar, besonders dann, wenn ein Draht riss und mit dem Arbeitsdraht der elektrischen Bahn in Berührung kam. Nicht nur, dass durch die Berührung eines solch abgerissenen Drahtes Menschenleben gefährdet waren, machte sich eine solche Störung auch bei den einzelnen Bureaus bemerkbar, z. B. in Basel, Remscheid, Zürich u. a. m.

Ein solcher Fall liegt aus Dortmund vor, der vor Jahren sich ereignete, und wodurch nicht nur eine Zerstörung der Apparate, sondern sogar ein Brand entstand, der noch einen weiteren Schaden anrichtete und eine Betriebsstörung hervorrief.

Solche Fälle sind zwar äusserst selten, jedoch sie sind vorgekommen und wurden natürlich sofort aufgegriffen und als ein grosser Missstand der neuen Betriebsart bezeichnet. Aber auch dieser Vorwurf kann heute für nichtig erklärt werden, denn es wird, abgesehen davon, dass die Bahnanlagen von heute mit grösserer Sorgfalt ausgeführt werden, jenen Schwachstromanlagen allseits genügend Schutz gewährt.

Das schädliche Einwirken des elektrischen Stromes auf die in der Erde befindlichen Rohre, wird dadurch vermindert, dass man eine gute, besondere Schienenverbindung herstellt, sodass der Strom, ohne zu vagabundieren, möglichst den ihm vorgeschriebenen Weg nimmt.

Zum Schutz der Telephon- und Telegraphendrähte umgiebt man den Fahrdraht an den Kreuzungsstellen mit einer guten Isolierung, welche den Draht nach unten freilässt, und bei Kreuzung von mehreren solchen fremden Drähten spannt man zwischen beiden Leitungen ein eigenes Schutznetz.

Es wird somit den Schwachstromanlagen genügend Schutz gegen den Starkstrom gewährt, und ist der sogar heute noch oft gemachte Vorwurf der schädlichen gegenseitigen Einwirkung nicht mehr zutreffend und unberechtigt.

8. Kapitel.

Vollbahnen.

Der elektrische Betrieb von Strassenbahnen ist in seiner Entwicklung und Anwendung schon in so hohem Grade vorgeschritten, dass nur noch in wenigen Städten der Pferdebetrieb in Anwendung ist, und bei Neuanlagen kommt eine andere Betriebskraft als die elektrische kaum mehr in Frage. Der Grund dafür ist darin zu finden, dass man in erster Linie die vielen Vorteile, welche durch den elektrischen Betrieb geboten werden, erkannt hat, anderseits aber die erzielten Resultate als äusserst günstig bezeichnet werden können.

Diese staunenswerten Leistungen der Stadtbahnen und die dort erzielten Erfolge, welche jedes Misstrauen und Vorurteil erstickten, liessen naturgemäss die Frage entstehen, ob man nicht auch solche Vorteile bei den Klein- und Haupteisenbahnen durch Einführung der elektrischen Betriebskraft erzielen könnte.

Die ersten Anregungen, welche von Fachleuten ausgingen, wurden zuerst etwas kühl aufgenommen, als jedoch auch Eisenbahntechniker und die dabei interessierten Kreise sich mit dieser Frage und deren Lösung befassten und sogar, der Sache geneigt, einen Versuch empfahlen, trat man allseits der Beantwortung der Frage näher. Ebenso wie bei Einführung des elektrischen Betriebes auf Strassenbahnen zeigte man aber doch in Europa ein gewisses Misstrauen, und wieder waren es die Amerikaner, welche durch Versuche zeigen wollten, dass auch bei den Haupteisenbahnen die Elektrizität mit gleichem Erfolge eingeführt werden könne. Aber es blieb dort nicht allein bei den Versuchen, sondern es verbinden heute bereits vielfach in Amerika elektrische Bahnen entferntere Vororte und Städte selbst unter einander.

Inzwischen wurden aber auch schon in Deutschland sogar Versuche angestellt, welche zum Teil noch nicht beendet, zum Teil aber schon so günstige Resultate brachten, dass man derartige Projekte bereits ausgeführt hat.

Besonders hat es sich gezeigt, dass die Anwendung sogenannter elektrischer Lokomotiven vor allem für den Verschiebedienst vorteilhaft gewesen ist. Eine solche Lokomotive vereinigt in sich Dampfkessel, Dampfmaschine und Dynamo zur Erzeugung des erforderlichen Stromes für die an den Radachsen befindlichen Motoren.

Die erste elektrische Vollbahn wurde in Deutschland im Jahre 1896 nach einem Projekte des Ingenieur Oskar v. Miller-München unter dessen Leitung von der Lokalbahn-Aktien-Gesellschaft

München in Meckenbeuern—Tettnang in Württemberg ausgeführt und seit jener Zeit zur allseitigen Befriedigung betrieben.

Ferner werden zur Zeit u. a. von der Direktion der Pfälzischen Eisenbahnen in Ludwigshafen und auf der Strecke Mailand-Monza Versuche mit Akkumulatorenwagen angestellt, jedoch sind jene noch nicht so weit vorgeschritten, als dass man hierüber heute schon ein endgiltiges Resultat angeben könnte.

Ähnlich wie bei Strassenbahnen gehen aber auch hier die Ansichten der Fachleute, welches System bei Einführung des elektrischen Betriebes auf Vollbahnen am geeignetesten sei, stark auseinander.

Es wird aber schon der Frage, ist der elektrische Betrieb nicht auch für den Eisenbahnbetrieb vorteilhaft zu verwenden, nähere Beachtung geschenkt, und wird dort auch mit der Zeit die Dampflokomotive dem elektrischen Motorwagen oder der elektrischen Lokomotive das Feld räumen müssen. Allerdings wird dies noch längere Zeit dauern, in erster Linie deshalb, da das riesige Material, vor allem die Unmenge der Lokomotiven — in Deutschland allein ca. 20000 — doch einen ansehnlichen Wert repräsentieren.

Aber die Zeit wird nicht allzuferne mehr sein, da die Vorteile zu gross sind, welche durch den elektrischen Betrieb geboten werden.

9. Kapitel.

Charakteristische Betriebsdaten.

Die Frage bezüglich der Anlage- und Betriebskosten einer elektrischen Bahn lässt sich nicht allgemein beantworten, da die Kosten von so vielen Umständen abhängen, dass für jeden einzelnen Fall eine besondere umfangreiche Berechnung nötig ist. Es dürfte jedoch nicht uninteressant sein, einige charakteristische Betriebsdaten anzuführen und wird nachfolgende Tabelle über die Betriebsergebnisse dieser Bahnen näheren Aufschluss geben.

Die Strassenbahn in Hannover (gemischter Betrieb) berichtet in ihrem Geschäftsbericht vom 25. März 1897 folgendes:

»Die Folge der in diesem Jahre vorgenommenen zahlreichen Kanalisationsbauten und Pflasterungen hatten nicht nur einen Ausfall an Einnahmen zur Folge, sondern auch nicht unerhebliche Mehrkosten verursacht. Wenn sich trotzdem im abgelaufenen Geschäftsjahr das Reinerträgnis der Gesellschaft um 191378,10 Mark gehoben hat, so ist dieses verhältnismässig günstige Resultat vorzugsweise der Einführung des elektrischen Betriebes zuzuschreiben.«

Über die Betriebskosten wird berichtet:

»Ausser den bereits in den allgemeinen Mitteilungen gemachten Angaben verdient hervorgehoben zu werden, dass wir durchschnittlich mit 1 *kg* Kohle 531 Watt erzeugen konnten, dass die Erzeugung der Kilowattstunde in den ersten sechs Monaten des Jahres 1896, 5,478 Pfg. betrug und im zweiten Halbjahre nach umfangreicher Einführung des Akkumulatorenbetriebes 4,903 Pfg., in den Monaten November und Dezember nur 4,5 Pfg.

Die sogenannten reinen Zugkosten des elektrischen Betriebes einschliesslich der Wagenführer belaufen sich auf 11,50 Pfg. pro Wagenkilometer, die Zugkosten des Pferdebetriebes dahingegen auf 13,78 Pfg. pro Wagenkilometer; mithin ist ein Ersparnis von 2,37 Pfg. pro Wagenkilometer erreicht, obgleich durch die in diesem Jahre billigeren Futterpreise der Kilometer Pferdebetrieb 1,6 Pfg. niedriger zu stehen kommt, als im Jahre 1895.«

Die Gesamtbetriebskosten betrugen 68,211 % gegen 75,756 % im Vorjahre im Verhältnis zu den Betriebseinnahmen.

Bericht vom 21. Februar 1898.

Vor Schluss des Jahres 1897 war auf allen Linien elektrischer Betrieb zur Einführung gelangt.

In diesem Berichte ist eine Übersicht der Betriebseinnahmen der Strassenbahn Hannover innerhalb sieben Jahre gegeben und ist daraus leicht ersichtlich, welche Mehreinnahme und infolgedessen welche bessere Rentabilität der Anlage durch Einführung des elektrischen Betriebes erzielt wurde.

1891	1892	1893	1894	1895	1896	1897
.*K*	.*K*	.*K*	.*K*	.*K*	.*K*	.*K*
755 729,55	864 825,05	1 078 018,70	1 203 408,95	1 308 516,25	1 488 005,60	1 763 344,70

Die charakteristischen Daten anderer elektrischer Bahnen möge nachfolgende Tabelle geben, woraus ersichtlich ist, dass im Durchschnitt bei allen eine Verkehrssteigerung eintrat und infolgedessen sich der Gewinn von Jahr zu Jahr erhöhte.

Wenn bei einzelnen Bahnen in manchen Jahren nicht nur allein kein Gewinn, sondern ein Verlust oder verminderter Gewinn zu verzeichnen war, so ist die Begründung dieser Umstände darin zu finden, dass in diesen Jahren eine Vergrösserung der Anlage oder eine Verminderung des Fahrpreises eine bedeutende Mehrausgabe zur Folge hatte.

5*

Ort	Jahr	Anzahl der Wagonkilometer		Anzahl der beförderт. Personen		Einnahmen in Mark				Gewinn Mk.	Betriebs-koëffizient
		pro Jahr	pro Tag	pro Jahr	pro Tag	pro Jahr	pro Tag	pro Fahr-gast	pro Wagen-kilomet.		
Aachen	1896	1 237 172	3380	3 556 935	9 718	460 580,42	1 230,0	0,12	0,364	—	63 %
	1897	1 543 478	4220	4 928 590	13 502	558 736,12	1469	0,11	0,348	44 609	66 %
Altenburg . . .	1896	250 077,6	683,3	686 840	1 882	62 676,79	171,72	0,0912	0,2306	26 919,22	—
	1897	249 300,8	688,5	688 504	1 886	62 720,94	171,84	0,0911	0,2516	44 640,53	—
Dresden . . .	1896	2 334 426	6396	9 635 952	26 400	1 051 718,15	2881,42	0,109	0,40	1 627 155,41	57,41
	1897	4 400 215	12055	16 446 306	45 058	1 866 892,13	4 539,43	0,101	0,38	1 468 989,75	63,05
Leipzig . . .	1896	1 688 539	4613,5	5 384 476	14 712	521 490,81	1 424,84	0,11	0,3186	—	58 %
	1897	3 587 593	9828,0	11 341 380	31 072	1 031 131,84	2 825,02	0,091	0,2981	415 487,30	—
Remscheid . . .	1896	401 734	1097,7	1 324 813	3 619	166 361,65	454,51	0,125	0,414	—	—
	1897	420 626	1152,1	1 486 587	4 073	187 741,70	514,36	0,120	0,446	40 873,41	—
Zwickau . . .	1896	425 122,14	1161,5	1 297 156	3 544	129 715,5	364,41	0,10	0,308	44 601,45	25,28
	1897	432 459,0	1184,8	1 402 727	3 843	140 272,7	384,30	0,10	0,3263	45 415,08	26,87

Zweiter Teil.

Beschreibung verschiedener Strassenbahnen.

Hamburg.

An dem Bau dieser Bahn beteiligten sich die Union und vorzugsweise die Elektrizitäts-Aktien-Gesellschaft vorm. Schuckert & Co. Die Bahn umfasst in ihrem jetzigen Ausbau 20 Linien mit einer Gesamtgleislänge von ungefähr 260 km. Die Spurweite ist normal 1435 mm. Die Fahrgeschwindigkeit ist von den staatlichen Behörden auf 12 km in den inneren Stadtgebieten, auf 18 km für die Aussenlinien festgesetzt. Die Anlage erregt infolge ihrer sorgfältigen Ausführung dauernd das Interesse der Fachleute und städtischen Behörden in ganz Europa. Sie ist die grösste elektrische Bahnanlage, und wir haben somit in Deutschland nicht nur die älteste, sondern auch die grösste Bahnanlage in Europa.

Remscheid.

Die Bahn besitzt zwei eingleisige Betriebslinien mit einer Gesamtlänge von 18 km, nur 50 m Gleis oder 0,7 % liegen horizontal. Alles übrige in Steigungen, von welchen diejenige in der Bismarckstrasse 10,6 % beträgt. Hatte man vorher ziemlich allgemein daran gezweifelt, dass es überhaupt ausführbar sei, derartig steile Strassen mit Adhäsion zu befahren, so war nun durch ein thatsächliches Beispiel die Möglichkeit bewiesen.

Die Kraftstation giebt auch Strom ab zum Betrieb von Kleinmotoren, die sich in der gewerbreichen Stadt sehr gut eingeführt haben. Da infolge der geringen Anzahl der Motorwagen und der vielen Steigungen sehr grosse Stromschwankungen auftraten, welche einen nachteiligen Einfluss auf die Maschinen ausübten und die Rentabilität beeinflussten, so schritt man, um gleichförmigere Belastung zu erzielen, zur Aufstellung einer Pufferbatterie, womit man den gewünschten Erfolg erreichte. Auch die später vorgenommene Einrichtung einer Kondensationsanlage mit Rückkühlung stellte sich als zweckmässig heraus. Für die gewonnenen Vorteile sprechen am besten die angegebenen Zahlen über den Kohlenverbrauch der Station in den verschiedenen Stadien. Derselbe betrug:

1. ohne Pufferbatterie . . 5 kg pro Kilowattstunde
2. mit » . . 3,2 » » »
3. mit Kondensationsanlage 2,3 » » »

Bremen.

Am 22. Juni 1890 wurde die elektrische Strassenbahn, die erste nach dem Thomson-Houston-System in Europa, dem Verkehr übergeben. Die Gesamtlänge aller Strecken beträgt ca. 50 *km*, auf welcher

Hamburg.

32 Motorwagen in Betrieb sind. Bemerkenswert ist, dass die Bahn eine Reihe scharfer Kurven enthält und teilweise sehr enge Strassen passiert.

Hamburg.

Brüssel.

Brüssel, die Hauptstadt Belgiens, mit ca. 540000 Einwohnern,
besitzt 29 Linien Strassenbahn, mit 75,5 *km* Gleis, welche von fünf
Gesellschaften betrieben werden, und zwar:

1. Société Nationale des chemins de fer vicinaux.
2. Société anonyme des tramways Bruxellois.
3. Société anonyme des chemins de fer économiques,
welche ihre Bahnen in Gemeinschaft mit der Tramways Bruxellois
betreibt.

Remscheid.

4. Société anonyme des chemins de fer à voic étroite
Bruxelles-Ixelles-Boendal et extentions.
5. Société anonyme des chemins de fer vicinaux belges.
Die hervorragendsten Unternehmungen sind folgende:

Société nationale des chemins de fer vicinaux.

Diese Gesellschaft führte im Jahre 1894 den elektrischen Betrieb
ein, und zwar wurde das Thomson-Houston-System angewandt.
Der Gesellschaft gehören 81 Linien mit 1680,5 *km* (inkl. Pferde- und

Dampfbahnen), wovon eine Linie mit 11,11 *km* elektrisch betrieben
wird, ferner aber noch eine ca. 20 *km* lange Linie im Baue begriffen
ist. Die elektrische Einrichtung wurde von der Union-Gesellschaft
in Berlin ausgeführt.

Bremen.

Société anonyme »Les tramways Bruxellois«.

Das Netz dieser Gesellschaft hat eine Länge von 53,5 *km*, wovon 27,975 *km* Doppelgleis, und zwar:
17,575 » mit oberirdischer und
10,400 » » unterirdischer Stromzuführung ausgerüstet sind.
Beide Systeme wurden nach den Systemen der Union-Elektrizitäts-Gesellschaft in Berlin von derselben ausgeführt.

München.

Die Stadt, welche bis zum Jahre 1895 ausschliesslich Pferdebetrieb hatte, begann mit der Einführung des elektrischen Betriebes im Jahre 1895. An dem Baue waren beteiligt die Union-Elektrizitäts-Gesellschaft in Berlin und die Firma Schuckert & Co. in Nürnberg. Die »Union« brachte folgende Linien zur Ausführung:
1. Färbergraben-Isarthal-Bahnhof 2,6 *km*.
2. Bahnhof-Giesing 4,6 *km*.
Die erste Linie wurde im Jahre 1895 im Juni, die zweite Linie im Oktober 1895 dem Verkehr übergeben.

Da die Anlage sich bewährte, so beschloss die Stadt, auf allen Linien den elektrischen Betrieb einzuführen, und sind gegenwärtig folgende Strecken teils noch im Bau, teils schon im Betrieb begriffen:
1. Stachus-Neuhofen 5 *km*.
2. Marienplatz-Freibadstrasse 3 *km*.
3. Ringlinie 7,8 *km*.
Sämtliche Linien sind doppelgleisig und mit oberirdischer Stromzuführung System Thomson-Houston ausgerüstet.

Ferner sei die von der Firma Schuckert in der Göthestrasse erbaute Strecke erwähnt, die jedoch noch als Probestrecke dient und dem Verkehr noch nicht übergeben ist. Es kommt dort das der Firma patentierte unterirdische Stromzuführungssystem in Anwendung. (Siehe I. Teil, Seite 54.)

Berlin.

Aus Anlass der Berliner Gewerbe-Ausstellung beschloss die »Grosse Berliner Pferdeeisenbahn-Aktien-Gesellschaft« für das Jahr 1896 die Einführung des elektrischen Betriebes auf einer Strecke von rund 28 *km*. Angewandt wurde die Normalspur und kommt ausser der oberirdischen Stromzuführung auch das System der unterirdischen zur Anwendung. Der Strom wird von den Berliner Elektrizitäts-Werken geliefert. Nachfolgend bezeichnete Strecken sind teilweise in Betrieb teils noch im Bau begriffen:
1. Zoologischer Garten - Hallesches Thor - Schlesisches Thor-Treptow.

Müncl

ben.

Berl

ín.

2. Dönhofsplatz-Reichenberger Strasse.
3. Gesundbrunnen-Pankow 3,6 *km*.
4. Behrenstrasse-Treptow 9,3 *km*.
5. Schöneberg-Alexanderplatz 7 *km*.
6. Kreutzberg-Demminer Strasse 8 *km*.
7. Ringbahn 14 *km*.
8. Kreutzberg-Gesundbrunnen 9 *km*.
9. Rixdorf-Pappelallee 10 *km*.
10. Dönhofsplatz-Friedrichsfelde 8 *km*.
11. Dönhofsplatz-Lichtenberg 7 *km*.
12. Hasenhaide-Müllerstrasse 10 *km*.
13. Hasenhaide-Rathaus 5 *km*.
14. Grossgörschenstrasse-Schlesisches Thor 7 *km*.
15. Marheineckeplatz-Gesundbrunnen 8 *km*.
16. Rathaus-Pankow 8 *km*.

Auf vielen Strecken ist der sogenannte, gemischte Betrieb zur Durchführung gekommen, bei welchen die Aussenstrecken mit Oberleitung ausgerüstet sind, während die Strassen der inneren Stadt mit Hilfe von Akkumulatoren durchfahren werden.

An dem Bau der Linien haben sich die Elektrizitäts-Aktien-Gesellschaft Union und die Firma Siemens & Halske beteiligt. Der tägliche Betrieb wird von morgens 6 Uhr bis Mitternacht aufrecht erhalten.

Das Projekt einer Hochbahn in Berlin, im Jahre 1880 von Dr. Werner v. Siemens in Vorlage gebracht und seiner Zeit abgelehnt, wurde im Jahre 1890 wieder aufgegriffen und auch genehmigt. In dem von der Firma Siemens & Halske vorgelegten Entwurf eines Netzes von elektrischen Bahnen in Berlin, bestehend teils aus Hoch-, teils aus Tunnel- und teils aus Strassenbahnen, war bereits die jetzt zur Ausführung kommende elektrische Stadtbahn vom Zoologischen Garten bis zur Warschauer Brücke enthalten. Gegen dieses Projekt wurden von verschiedenen Seiten Bedenken eingebracht, jedoch endlich die Linienführung in folgender Weise beschlossen: Die Linie nimmt ihren Anfang am zoologischen Garten, überschreitet mit einer Krümmung von 60 *m* Radius den Kurfürstendamm, durchbricht den Häuserblock daselbst und legt sich mit einer gleichen Gegenkrümmung über den Mittelstreifen des grossen Gürtelstrassenzuges, Tauenzien-, Kleist- und Bülowstrasse bis zum Dennewitzplatz. Hier durchbricht die Bahn an der Lutherkirche den Häuserblock der Dennewitzstrasse, überschreitet die Gleise der Potsdamer Bahn mit einer Brücke von 140 *m* Spannweite, bildet auf dem Gelände des alten Dresdner Bahnhofes ein grosses Gleisdreieck, dessen eine Seite bis nach dem Potsdamer Platz verlängert wird, während eine

zweite Seite als durchgehende Linie das Tempelhofer Ufer, den Land-
wehrkanal und die Anhalter Bahn überquert. Von hier verfolgt die
Linie das Hallesche Ufer bis zur Bellealliance-Brücke, schwenkt in
die Gitschiner Strasse ein, überschreitet den Wasserthorplatz und
verfolgt den Mittelstreifen der Skalitzer Strasse bis zum Schlesischen
Thor, geht schliesslich durch die Oberbaumstrasse, über die neu
erbaute Oberbaumbrücke auf besonderem Viadukt, und endigt in un-
mittelbarer Nähe der Stadt- und Ringbahnstation Warschauer Strasse
in der Endstation Warschauer Brücke.

Die ganze Länge der Bahn beträgt 10,5 *km* und erhält 13 Haltestellen im durchschnittlichen Abstande von 800 *m*.

Hannover.

Die Stadt Hannover besass seit dem 15. September 1872 eine
Pferdebahn, welche, der grossen Zunahme der Bevölkerung und der stets
wachsenden Ausdehnung der Stadtgrenzen entsprechend, in grossem
Umfange erweitert wurde, und da sie den gestellten Anforderungen
nicht mehr entsprach, schritt man zur Einführung des elektrischen
Betriebes.

Der elektrische Betrieb wurde am 20. Mai 1893 eröffnet und
in den folgenden Jahren auf alle Linien ausgedehnt. Ferner sind
seit dem Jahre 1895 Akkumulatorenwagen in den Betrieb eingestellt,
welche im Stadtinnern den zu ihrer Fortbewegung erforderlichen
Strom ihren Batterien entnehmen, während sie auf den äusseren
Linien Oberleitung benutzen.

Die Bahnlänge beträgt ungefähr 30 *km*, jedoch ist eine bedeutende Erweiterung des Netzes in Ausführung begriffen.

Kairo.

Dass die Erkenntnis der Vorzüge eines modernen Strassenbahn-
verkehrs schon bis in den Orient gedrungen ist, beweist die schon
seit einigen Jahre bestehende ca. 20 *km* lange Strassenbahn in Kairo
in Ägypten.

Kairo war die erste Stadt des Orients, welche in den Besitz
einer elektrischen Strassenbahn gelangte, und erfreut sich auch die
Bahn einer guten Frequenz. Die Anlage, welche zehn Linien mit
23 *km* Gleis umfasst, wurde Ende 1895 begonnen und vor dem
1. August 1896 vollendet. Auf sämtlichen Strecken, die mit Meter-
spur und meistens doppelgleisig ausgeführt sind, kam die oberirdische
Stromzuführung zur Anwendung. Den Verkehr vermitteln 45 Motor-
und 20 Anhängewagen, die sämtlich, dem milden Klima entsprechend,
offen gebaut sind. Sie besitzen verschiedene Abteilungen für Europäer,

Hann-

nver

Hannover.

für Eingeborene und für Haremsdamen. Die für letztere Bestimmten sind mit Jalousien abgeschlossen und bilden eine interessante Eigenheit der Wagen.

Kairo.

Bergen (Norwegen).

Diese Bahn wurde am 29. Juni 1897 dem Verkehr übergeben.
In anbetracht der schwierigen örtlichen Verhältnisse konnte allein
die elektrische Traktion in Frage kommen. Ungefähr die Hälfte
aller Gleise liegt in Kurven, unter welchen solche von nur 17 m

Bergen.

Radius sich befinden. Die vielen vorhandenen Steigungen erreichen
wiederholt 7 % und auf der Promenade Kalfaret das Maximum mit
10 %. Es sind vier eingleisige Betriebslängen mit einer Länge von
8 *km* ausgeführt.

Genua.

Genua, die Hauptstadt Liguriens, hat zur Zeit 220000 Einwohner
und hatte bis zum Jahre 1890 eine Pferdebahn, aber nur eine Linie,
in einer horizontalen Strasse am alten Hafen.

Die im Jahre 1890 erteilte Konzession wurde den drei Gesellschaften, der Società di Ferrovie Elettriche e Funicolari mit
dem Sitz in Kerns (Schweiz),

der Società dei Tramways Orientali di Genova mit dem
Sitz in Genua und

der neugegründeten Aktiengesellschaft Unione Italiana-Tram-
ways-Elettrici mit dem Sitz in Genua übertragen.

Die drei Gesellschaften verfügen über ein Bahnnetz von ca. 120 *km*
Gleislänge.

Die Ausführung und Betreibung einer gemeinschaftlichen elektrischen Centrale obliegt einer vierten Gesellschaft, der Officine
Elettriche Genovesi in Genua.

Die technische Bearbeitung der Bahnprojekte und der Bau der
sämtlichen Bahnanlagen wurde von den Konzessionsinhabern der
Allgemeinen Elektrizitäts-Gesellschaft in Berlin erteilt. Die Konzession einer elektrischen Centrale wurde im Jahre 1895 von der
Gemeinde Genua letztgenannter Firma direkt übertragen.

Bilbao.

Bilbao, die Hauptstadt der Provinz Viscaya in Spanien, hat
eine Einwohnerzahl von ca. 66000 Seelen. Die Stadt besitzt schon
seit ca. 18—20 Jahren eine Pferdebahn und werden diese Bahnen
seit 1890 mit Elektrizität betrieben.

Die Stromzuführung geschieht oberirdisch. Die Strassenbahn
besteht aus zwei Linien, und verfügt die Strassenbahn-Gesellschaft
(Compania Vizcaina de Electricidad) über einen Wagenpark
von 36 Motor- und 70 Anhängewagen, sowie acht Lastwagen mit
Motoren und 26 Anhängewagen für Lastverkehr. Die Gesamtlänge
des Netzes beträgt mit den im Bau befindlichen Linien ca. 50 *km*.

Kiew,

Hauptstadt des gleichnamigen Gouvernements in Russland, mit
einer Einwohnerzahl von ca. 300000, ist die erste russische
Stadt, welche eine elektrische Bahn erhielt. Mit dem Bau wurde
im Oktober 1891 begonnen und der Betrieb am 13. Juni 1892 eröffnet. Durch die grossen Erfolge der Versuchsstrecke wurden alle
Bedenken der Behörden behoben, und man beschloss daher, auch
für die übrigen Strecken mit starken Steigungen den elektrischen
Betrieb einzuführen. Der weitere Ausbau erfolgte im Jahre 1893 und
1894 und beträgt die gesamte Gleislänge 28,6 *km*. Die Spurweite
beträgt 1512 *mm* (annähernd russische Normalspur).

Christiania (Norwegen).

Mit dem Bau dieser Bahn wurde im Jahre 1892 begonnen und
beträgt die Länge 16,0 *km*. Auf sämtlichen Linien ist wegen des

Bilbao.

bedeutenden Verkehrs der 6 Minutenbetrieb eingeführt. Die Bahn ist seit dem März 1894 in Betrieb und erfreut sich dauernd der Gunst des Publikums. Die Bahn ist normalspurig und eingleisig.

Kiew.

— 86 —

Der Wagenpark besteht nach stattgehabter Vergrösserung aus
17 Motor- und 7 Anhängewagen, und um im Winter die Gleise von

Christiania.

Schnee freizuhalten, ist eine elektrisch betriebene Schneefegemaschine
vorhanden. Eine grössere Strecke ist im Bau begriffen.

Stuttgart.

Mit dem Bau dieser Bahn wurde im Jahre 1892 begonnen. Die Gesamtstreckenlänge sämtlicher Linien beträgt 23,3 *km* und die Gleislänge 32,5 *km*. Für den normalen Betrieb ist ein 5 Minutenverkehr auf allen Strecken vorgesehen. Die Stromzuführung zu den Motorwagen geschieht oberirdisch und sind die reichverzierten Doppelauslegermaste besonders erwähnenswert. Der Betrieb wird durch 65 Motorwagen bewerkstelligt, und die noch vorhandenen Pferdebahnwagen (bis 1892 Pferdebahnbetrieb) sind zu Anhängewagen umgebaut. Weitere Linien sind in Ausführung.

Nürnberg.

Die Nürnberg-Fürther Strassenbahn-Gesellschaft hat ihre Linien im Stadtgebiete Nürnberg und im Stadtgebiete Fürth bezw. zwischen Nürnberg und Fürth. Die letztgenannte Strassenbahnstrecke läuft parallel zur ältesten Eisenbahn Deutschlands, der Ludwigbahn zwischen Nürnberg und Fürth.

Die Nürnberg-Fürther Strassenbahn wurde im Jahre 1885 als eingleisige Pferdebahn gegründet, und kam nach langen Verhandlungen mit den einzelnen Behörden erst im Jahre 1895 der schon vor zwei Jahren gefasste Beschluss, den elektrischen Betrieb einzuführen, zur Ausführung. Die erste Linie (Maxfeld-Plerrer-Fürth), auf welcher der elektrische Betrieb eingeführt wurde, hat eine Länge von 21,4 *km*. Man ist jedoch bereits heute mit dem Ausbau der übrigen Linien begriffen, sodass in ganz kurzer Zeit der elektrische Betrieb auf allen Linien eingeführt ist.

Danzig.

Die Konzession, zum Bau dieser elektrischen Bahn wurde im Oktober 1895 der »Allgemeinen Elektrizitäts-Gesellschaft« erteilt und der Betrieb im August 1896 eröffnet. Das Strassenbahnnetz umfasst fünf Betriebslinien mit ca. 38 *km*.

Besondere Schwierigkeiten bereitete der Kabelführung und der Konstruktion der Stromzuführung der Umstand, dass im Zuge der Bahn nicht weniger als eine Dreh- und vier Klappbrücken liegen. Für die Führung der Kabel mussten mit Rücksicht hierauf grosse Umwege gemacht und für die Aufhängung der Arbeitsleitung über den Brücken Konstruktionen gewählt werden, welche gleichzeitig mit dem Aufziehen, resp. Drehen der Brücken ein Ausschwenken der Arbeitsleitung gestatten. Erhöht wurden diese Schwierigkeiten noch dadurch, dass alle neu hinzukommenden Teile genau ausbalanciert werden mussten, um die Belastungsverhältnisse nicht zu ändern. Bei der Drehbrücke werden die beiden Arbeitsleitungen durch vier auf dem Brückenkörper befestigte Auslegermaste getragen.

Nürnberg.

Bei den Klappbrücken (vergl. Fig. 36 und 37) sind besondere Schwenkbalkenkonstruktionen angeordnet, welche in Gelenken dreh-

bar sind und im geschlossenen Zustande die Arbeitsleitungen gespannt halten. Ihr Gewicht ist durch Gegengewichte ausgeglichen,
die in den nächsten Rohrmasten laufen. Beim Aufziehen der Brücke
legen sich die Schwenkbalken gegen das Geländer der Brückenklappen
und werden von diesen mitgenommen. Die durchhängende Arbeitsleitung, welche hier durch ein biegsames Kupferseil gebildet ist, wird
dabei durch einen automatischen Ausschalter stromlos gemacht.
Die Rückleitung erfolgt durch die Schienen, welche an den
Stössen leitend verbunden sind. Zur Vermeidung des Spannungs-
abfalles sind auf den Strecken mit stärkerem Verkehr besondere
Rückleitungskabel zwischen den Gleisen verlegt. Bei den Dreh- und
Klappbrücken wird die Rückleitung des Stromes dadurch gesichert,
dass die beiden Gleisenden durch ein durch den Fluss gelegtes
blankes Kupferkabel verbunden sind.

Grosslichterfelde bei Berlin.

Diese Bahn verdient besonders unsere Beachtung, da sie der
Grundstein zu dem gewaltigen und immer noch wachsenden Gebäude
der bis heute entstandenen Bahnen der Welt wurde. Sie verband
den Anhalter Bahnhof in Lichterfelde mit der Haupt-Kadettenanstalt.
Sie wurde im Jahre 1880 erbaut und am 16. Mai 1881 dem Verkehr
übergeben. Der zum Betrieb erforderliche Strom wurde den Antriebs-
maschinen der Wagen durch die Fahrschienen zugeführt, und zwar
diente der eine Schienenstrang zur Hin- und der andere zur Rückleitung. Obwohl diese Art der Stromzuleitung unverkennbare Mängel
besitzt, so wurde sie dennoch angewandt, weil Dr. Werner v. Siemens,
der Erbauer dieser Bahn, welcher sich mit dem Plane einer elektrischen Hochbahn in Berlin trug, das für eine solche Bahn geeignete
Stromzuleitungssystem durch die Schienen an der Lichterfelder Bahn
als praktisch durchführbar erweisen wollte.
Der elektrische Strom wurde mit 160 Volt Spannung den Schienen
der Bahn durch eine kurze Kabelleitung zugeführt. Im Jahre 1890
erfuhr diese Strassenbahn eine Erweiterung, bei welcher das bis-
herige Stromzuführungssystem verlassen wurde. Die Firma Siemens
& Halske hatte inzwischen verschiedene andere Systeme oberirdischer
Stromleitung versucht und für die Verlängerung der Bahn in Lichterfelde ein System gewählt, das im wesentlichen schon dem jetzt noch
üblichen mit oberirdischer Stromzuführung entspricht.

Frankfurt a. M.-Offenbach. — Mödling-Vorderbrühl.

Diese beiden Bahnen verdienen deshalb nähere Beachtung, da
sie zu den ersten Anlagen gehören, bei welchen die Elektrizität als

Betriebskraft in Anwendung kam, in einer Anordnung, die, wenn auch von besseren Systemen überholt, bis heute beibehalten worden ist.

Seitlich von der Bahn sind zwei geschlitzte, an Holzmasten befestigte Eisenröhren für die Hin- und Rückleitung des Stromes entlang geführt und in der Mitte zwischen den Masten durch je zwei aus Kupfer- und Stahldrähten geflochtene Kabel an den Säulen aufgehängt. Innerhalb der eisernen Röhren gleiten vier metallene Reiber von elliptischer Form, welche durch eine Blattfeder miteinander verbunden sind und gegen die Rohrwandungen angepresst werden. Mit dem Wagen steht diese Kontaktvorrichtung durch ein Kabel in Verbindung.

Die Strassenbahn Frankfurt a. M. - Offenbach wurde für die Frankfurt-Offenbacher Trambahngesellschaft gebaut und im April 1884 dem Verkehr übergeben. Die Länge dieser Bahn beträgt 6,8 *km*, und der Betrieb wird von 10 Motor- und 6 Anhängewagen bewältigt. In dem Kraftwerk ist eine 240pferdige Zwillings- und eine 100pferdige Verbundmaschine aufgestellt, welche 4 Dynamos mit Trommelanker in Betrieb setzen.

Die elektrische Bahn von Mödling nach Vorderbrühl wurde am 22. Oktober 1883, die Verlängerung nach Hinterbrühl am 1. Mai 1885 eröffnet. Sie gehört der k. k. priv. Südbahn-Gesellschaft in Wien, und beträgt die Bahnlänge 5 *km*. Der Wagenpark besteht aus 8 Motor- und 7 Anhängewagen. Die elektrische Betriebskraft mit 350 Volt Spannung erzeugen 6 Trommelmaschinen.

Dresden.

In Dresden, das bis zum Jahre 1893 nur Pferdebahnen hatte, wurde der elektrische Betrieb im Jahre 1893 eingeführt. Die Eröffnung dieser ersten elektrischen Strassenbahn des Königreichs Sachsen erfolgte am 6. Juli 1893. Die ganze Länge des heutigen Netzes beträgt ca. 40 *km*, wovon 0,5 *km* unterirdisch und 8,2 *km* mit gemischtem System betrieben werden.

Die Leistungsfähigkeit und Betriebssicherheit der Bahn, sowie ihre hauptsächlich in der grossen Fahrgeschwindigkeit und in der Einfachheit der Wagen liegenden anderen Vorzüge haben in Dresden dem elektrischen Betriebe sehr viele Freunde erworben. Infolgedessen ist die Frequenz und Rentabilität eine ziemlich starke und wird dort in Bälde der Pferdebetrieb vollständig verschwinden. Die Bahn ist erbaut von der Firma Siemens & Halske, welche als Stromabnehmer Bügel anwandte. .

Dr

den.

Leipzig.

Die Stadt Leipzig, welche schon frühzeitig ein ausgedehntes Strassenbahnnetz hatte, brachte im Jahre 1895—1896 den elektri-

Leipzig.

schen Betrieb zur Einführung. Der Betrieb wird von zwei Gesellschaften geführt, nämlich von der Leipziger elektrischen Strassen-
bahngesellschaft und der Grossen Leipziger Strassenbahngesellschaft,
der früheren Leipziger Pferde - Eisenbahn Aktiengesellschaft. Die
Linien der ersteren wurden von der Allgemeinen Elektrizitäts-Aktien-
gesellschaft in Berlin und die der zweiten von der Union Elektrizitäts-
Gesellschaft erbaut und beträgt die Gesamtgleislänge des ganzen
Netzes ca. 183 *km* (Grosse Leipziger Strassenbahn: 102 *km*,
Leipziger elektrische Strassenbahn: 81 *km*), jedoch sind noch weitere
Linien projektiert. Der Wagenpark besteht aus 325 Motor- und
150 Beiwagen (Grosse Leipziger Strassenbahn: 215 Motor- und
100 Beiwagen, Leipziger elektrische Strassenbahn: 110 Motor- und
50 Beiwagen). Die Fahrgeschwindigkeit darf innerhalb des Prome-
nadenringes 12 *km*, auf dem Promenadenring und den äusseren
bebauten Stadtteilen 18 *km* und auf den unbebauten Aussenstrecken
25 *km* in der Stunde nicht überschreiten.

Charakteristisch ist, dass dort schon frühzeitig der Einheitstarif
von 10 Pfennigen mit einmaliger Umsteigberechtigung eingeführt
wurde, wodurch eine recht befriedigende Frequenz und Rentabilität
der Anlage erzielt wurde.

Druck von Oskar Leiner in Leipzig. 45556

www.ingramcontent.com/pod-product-compliance
Lightning Source LLC
Chambersburg PA
CBHW021824190326
41518CB00007B/728